高等职业教育电梯工程技术专业系列教材

# 电梯维护保养技术

李　睿　韦　峰　主编

雷占军　张菲菲　副主编

蒋　英　主审

科学出版社

北　京

## 内 容 简 介

“电梯维护保养技术”是全国高等职业院校电梯工程技术专业的专业基础课。本书主要阐述了电梯的工作原理、电梯维护保养、电梯主要部件报废技术条件、电梯节能等内容。全书共4章。第1章为电梯概述，主要介绍电梯的技术发展、组成和分类等；第2章为电梯维护保养，主要介绍电梯、自动扶梯维护保养技术；第3章为电梯主要部件报废技术条件，主要介绍电梯、自动扶梯各主要部件报废技术标准；第4章主要介绍电梯节能技术。本书根据岗位需要设计编写内容，注重实用性，重点培养学生的电梯维护保养基本技能和适应就业岗位的需要。

本书可作为高等职业院校电梯工程技术专业的教材，也可作为电梯维护保养人员及电梯安全管理人员的参考用书。

**图书在版编目（CIP）数据**

电梯维护保养技术／李睿，韦峰主编.—北京：科学出版社，2020.3
高等职业教育电梯工程技术专业系列教材
ISBN 978-7-03-064547-0

Ⅰ.①电… Ⅱ.①李… ②韦… Ⅲ.①电梯-维修-高等职业教育-教材 ②电梯-保养-高等职业教育-教材 Ⅳ.①TU857

中国版本图书馆CIP数据核字（2020）第033823号

责任编辑：万瑞达　李　雪／责任校对：赵丽杰
责任印制：吕春珉／封面设计：曹　来

科学出版社出版
北京东黄城根北街16号
邮政编码：100717
http://www.sciencep.com

铭浩彩色印装有限公司 印刷

科学出版社发行　各地新华书店经销
*
2020年3月第　一　版　开本：787×1092　1/16
2020年3月第一次印刷　印张：10
字数：240 000

**定价：29.00元**

（如有印装质量问题，我社负责调换〈铭浩〉）
销售部电话 010-62136230　编辑部电话 010-62130874（VA03）

# 前　言

随着国民经济的发展，人民生活水平的提高，机场、商场、地铁等大型公共设施的建设及房地产市场快速发展，人们对电梯的需求越来越大，我国已成为全球电梯的制造中心和最大的电梯消费市场。

目前，我国共有注册在用电梯级627.83万台，电梯的生产量、保有量、年增长量均为世界第一。运行多年的老旧电梯，其部件功能退化会很严重，给日常使用带来较大的安全隐患，对电梯进行及时有效的保养与维护，不仅能延长使用寿命，还能减少安全事故。

本书主要介绍电梯的概念和各主要部分结构，电梯维护保养规范，电梯主要部件报废技术标准、自动扶梯和自动人行道主要部件报废技术标准等，并在阐述过程中注重融入培养学生的职业规范意识和职业综合素质的内容，为其能胜任相关工作岗位提供帮助。

本书由天津国土资源和房屋职业学院李睿和中国建筑科学研究院建筑机械化研究分院韦峰担任主编，青海建筑职业技术学院雷占军、天津国土资源和房屋职业学院张菲菲担任副主编，天津国土资源和房屋职业学院蒋英担任主审。

编　者

2019年4月

# 目　录

# 第 1 章　电 梯 概 述

## 1.1　电梯的定义及技术发展

### 1.1.1　电梯的定义

电梯是指依托动力驱动，利用沿刚性导轨运行的箱体或者沿固定线路运行的梯级进行升降或者平行送人、货的机电设备，包括载人（货）电梯、自动扶梯、自动人行道等。最初，电梯是用于高层建筑固定式的沿垂直或倾斜角小于 15° 的导轨升降的运输设备，故也叫升降机；后来，当电力拖动系统和电气控制系统广泛应用于升降机后，人们便把这类以电力带动轿厢升降来代替人们上下楼梯的升降机取名为电梯。电梯广泛用于大型楼宇、住宅、商场等场所，发挥着重要的交通运输功能。

由此，作为垂直用的电梯需具有电力拖动系统（包括以电动泵驱动的液压系统）和电气控制系统，并具有一个轿厢，运行在至少两列垂直的或倾斜角小于 15° 的刚性导轨之间，轿厢尺寸与结构形式便于乘客出入或装卸货物。

### 1.1.2　电梯的技术发展史

古代的中国、埃及和希腊就使用过一种由人力驱动的升降机械——卷筒式卷扬机，这就是升降机的雏形。1853 年美国人伊里沙·奥的斯发明了安全钳，并于 1858 年在美国安装了第一台载人客梯，从此电梯走向了实用化阶段。电梯的动力、传动及控制技术发展如下。

1. *动力拖动系统的发展*

早期升降机的动力来源主要是人力、畜力，1835 年引入了蒸汽机作动力，初步解决了升降机动力问题。蒸汽机有体积大、不易控制与操作等缺点，在很大程度上制约着升降机的发展。直至 1889 年，人们使用电动机作为升降机的动力后，才出现了真正意义上的电梯，从此电梯得以发展。

最先出现的电力拖动系统是直流拖动系统。19 世纪末，出现了既经济又实用的三相交流电源和交流电动机。在 20 世纪初，交流单速拖动系统和交流双速拖动系统在电梯上得到应用，这种交流单速和交流双速电梯至今还在杂物电梯和载货电梯中使用。

随着建筑物的大量兴建，高大的多楼层的建筑物越来越多，这就对电梯的运行速度、载重量、启动加速、制动减速、平层精度等提出了更高的要求。由于电子元器件和自动化技术的发展，一种新型的直流调速拖动系统——伦纳德系统，即 G—M 直流拖动系统应运而生，并且在 20 世纪 70 年代前一直垄断着快速、高速电梯拖动系统的技术领域。

直流电动机结构复杂，G—M 系统需要一套电动发电机组，故 G—M 直流拖动系统存在成本高、噪声大、能耗大等缺点，人们开始把目光转向交流调速系统（ACVV），在国内也被称为交流调压调速系统。20 世纪 70 年代初，人们开始研制交流双速电梯。首先，它使用晶闸管桥式整流电路产生的直流电供给双速电动机的低速绕组，在电梯的减速阶段实施能耗制动，实现零速平层；其次，用晶闸管代替了双速电梯的启动电阻，改善了电梯的启动性能；再次，在运行阶段实现了闭环控制，通过晶闸管调节电压来改变曳引电机力矩，以达到稳定电梯速度的目的，这就是交流调速系统。

20 世纪 80 年代中期，随着微机技术和大功率电力电子器件的发展而开发出了调频器，通过调节电动机定子供电电压和频率来实现对电机转速的控制，由此实现了电梯拖动系统的交流变压变频调速（variable voltage and variable frequency，VVVF）。这种被称为 VVVF 的电梯现在已被广泛使用。

### 2．传动方式的发展

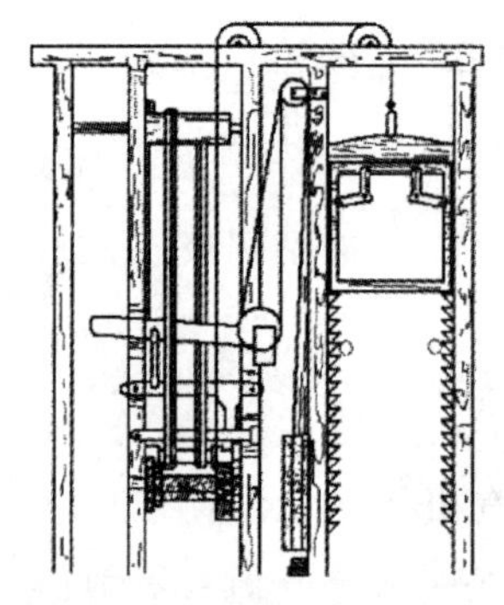
图 1-1　鼓轮牵引式升降机

早期的电梯动力传送方式是鼓轮牵引式，如图 1-1 所示。鼓轮牵引式升降机的主机类似现在的卷扬机，钢丝绳的一端吊挂轿厢，另一端固定在鼓轮上，钢丝绳被卷绕或释放，从而带动轿厢升降。由于鼓轮不可能造得太大，会限制钢丝绳的长度，因此升降机的行程不能太高，同时，钢丝绳的根数只能是一根，使电梯载重量受到限制。鼓轮牵引式升降机的另一大缺点是存在较大安全隐患，若电梯运行失控，不能停止的鼓轮就会卷绕钢丝绳而使轿厢快速撞顶，造成安全事故。

1903 年，电梯的动力传送方式实现了重大改革，以摩擦轮代替鼓轮，以摩擦曳引式代替鼓轮牵引式。其原理是曳引式电梯的钢丝绳绕着摩擦轮而悬挂在其两侧，一端与轿厢连接，另一端与对重连接，如图 1-2 所示。

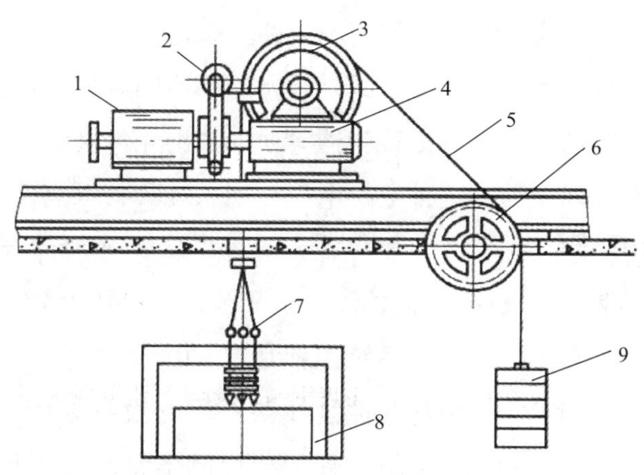


1—电动机；2—制动器；3—曳引机；4—减速箱；5—曳引绳；
6—导向轮；7—绳头组合；8—轿厢；9—对重

图 1-2　曳引驱动的结构

钢丝绳与摩擦轮上的绳槽接触，在轿厢和对重的正压力下产生的摩擦力称为曳引力，所以摩擦绳轮也称为曳引轮。在曳引力的作用下，将曳引轮的角速度转动通过钢丝绳转为直线移动，带动轿厢与对重上下运行。

曳引式电梯的第一个特点是钢丝绳不需要缠绕，所以，钢丝绳长度不受限制；每根钢丝绳在各自的绳槽内，运行中彼此不会干扰，所以，钢丝绳根数也不受限制。这样，电梯的提升高度和载重量就得到了提高。

曳引式电梯的第二个特点是轿厢和对重分别在曳引轮两侧，它们的力总是相互抵消，所以省力。另外，它们总是做相反方向运动，此升彼降。若电梯失控、轿厢冲顶，对重的重量和动量就会被底坑的缓冲器承受，钢丝绳与曳引轮绳槽之间就会发生打滑，从而避免发生冲顶的事故，使电梯的安全性能大大增加。由于曳引式电梯具有这些优点，所以取代了鼓轮牵引式升降机，并一直沿用至今。

3. 电梯电气控制系统的发展

电梯电气控制系统主要用于曳引电动机和开门电机的启动、运转、减速、停止的控制，同时，也对电梯轿厢位置的检测，运行方向、轿内指令、层站召唤、安全保护等信号进行管理和控制。20 世纪 70 年代前的电梯电气控制系统主要采用继电器逻辑电路进行控制。这种由继电器常开、常闭触点组成的逻辑控制系统具有原理简单、直观、容易理解的优点，但是也存在通用性差、机械触点多、接线复杂、体积庞大、能耗高、故障率高等缺点。

1906年，电梯电气控制系统进行了一次大的改革，微型计算机（以下简称微机）开始应用于电梯，由微机软件代替继电器的逻辑电路。微机系统比继电器控制系统的灵活性更强，不同的控制方式可用相同的硬件，只是软件有所不同。只要把按钮、开关等电气元件作为电梯内选、外呼等输入信号，把接触器等功率输出元件接到输出端，其余的逻辑控制全部由微机内部软件实现，因而这种电梯电气控制系统具有可靠性高、寿命长、维护方便等优点，被广泛使用。

20世纪90年代，我国的电梯工程技术人员研制出一种基于PLC的电梯控制系统。PLC是一种专用工业控制微机，PLC系统承接原来的电梯继电器逻辑控制原理，并考虑到大多数电气技术人员均熟悉继电器控制线路，因此没有采用一般微机控制中专用的汇编语言，而是采用了一种面向控制过程的梯形图语言。梯形图与继电器原理图相似，形象直观，易学易懂，加上PLC还具有环境适应性强、可靠性高、功能完善、封装设计、接口功能强、成本低、维护方便等优点，我国大多数中、小型电梯厂家的产品采用了PLC控制技术。

从上述电梯相关技术发展情况可以看到，每进行一项重大的电梯技术改革，或者每引进一项新技术、新设备、新工艺时，电梯的发展就向前迈进一大步。所以，电梯的发展历史，实质就是控制系统和安全装置不断完善和发展的历史，就是不断改革、不断融合新技术的历史，电梯就是时代科技进步的产物。

## 1.2 电梯的组成

### 1.2.1 电梯的基本结构

电梯是机电一体化的大型工业产品，其构成见图1-3。从图中可以看出，电梯主要由机械部分与电气部分构成。

如果从空间位置考虑，一般电梯的基本构成又可以划分为以下几部分：

1）机房部分：曳引机、控制柜、导向轮、限速器、机械极限开关、电源开关等。

2）井道部分：导轨、导轨支架、对重装置、缓冲器、限速器张紧装置、补偿链、强迫换速开关、限位开关和电气极限开关等。

3）轿厢部分：轿厢、轿厢门、安全钳装置、平层装置、称重装置、滑动导靴、开关门装置、轿内操纵箱等。

4）层站部分：层门、呼梯装置、自动门锁装置、楼层显示装置等。

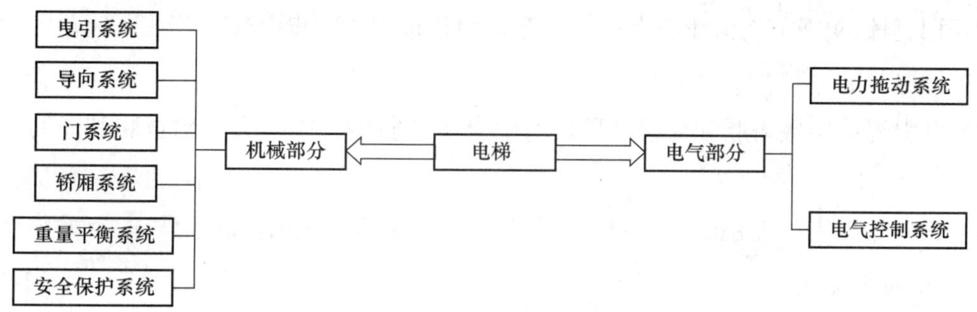


图 1-3　电梯的构成

## 1.2.2　各系统的组成和作用

从图 1-3 可以看出，电梯可分为八大系统，分别为曳引系统、导向系统、门系统、轿厢系统、重量平衡系统、安全保护系统、电力拖动系统、电气控制系统。

1．曳引系统

电梯曳引系统的作用是输出和传递动力，曳引轿厢和对重上下运行。它的组成主要包括曳引机、曳引轮、曳引绳、导向轮、反绳轮，如图 1-4 所示。

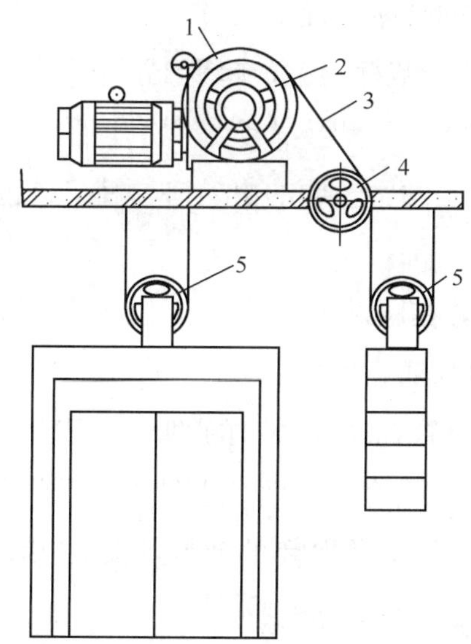


1—曳引机；2—曳引轮；3—曳引绳；4—导向轮；5—反绳轮

图 1-4　曳引驱动的结构

1）曳引机：包括电动机、减速箱、制动器和曳引轮在内，靠曳引绳和曳引轮槽产生的静摩擦力驱动或停止电梯的装置，曳引机安装在机房。

2）曳引轮：为曳引机上的绳轮，也称曳引绳轮或驱绳轮。是电梯传递曳引动力的装置，利用曳引钢丝绳与曳引轮缘上绳槽的摩擦力传递动力。曳引轮安装在减速器中的蜗轮轴上。

3）曳引绳：连接轿厢和对重装置，并靠与曳引轮槽的摩擦力驱动轿厢升降的专用钢丝绳。

4）导向轮：为增大轿厢与对重之间的距离，使曳引绳经曳引轮再导向对重装置或轿厢一侧而设置的绳轮。

5）反绳轮：设置在轿厢架和对重框架上部的动滑轮。根据需要曳引绳绕过反绳轮可以构成不同的曳引比。

2．导向系统

电梯导向系统的作用是限制轿厢和对重的活动自由度，使其只能沿着固定导轨做上下运行。它的组成主要有导轨、导轨连接板、导靴、导轨支架等。

1）导轨：供轿厢和对重运行的导向部件，安装在井道。

2）导轨连接板：紧固在相邻两根导轨的端部底面、起连接导轨作用的金属板。

3）导靴：设置在轿厢架和对重装置上，其靴衬（或滚轮）在导轨上滑动（或滚动），使轿厢和对重装置沿导轨运行的导向装置。

4）导轨支架：固定在井道壁或横梁上，起到支撑和固定导轨用的构件。

3．门系统

电梯门系统的作用是封锁层站、轿厢的出入口，其组成包括层门、轿厢门、开门机及门锁装置等。

1）层门：又称厅门，设置在层站入口的门，由门扇、门导轨架、门靴、自动门锁、地坎层门联动机构和紧急开锁装置等组成。

2）轿厢门：简称轿门，设置在轿厢入口的门，由门扇、门导轨架、轿门地坎及门靴等组成。

3）开门机：使轿门和层门开启或关闭的装置，安装在轿厢顶。包括开门电动机、皮带轮和减速装置等。

4）门锁装置（俗称钩子锁）：安装在层门内侧，使轿门与层门关闭后锁紧，同时接通控制回路，轿厢方可运行的机电联锁安全装置。

### 4. 轿厢系统

轿厢系统的作用是运载人员或其他载荷，由轿厢、轿厢架组成。

1）轿厢：运载乘客或其他载荷的轿体部件，由轿厢底、轿厢壁、轿厢顶、轿厢装饰顶、轿厢扶手及轿厢防护栏杆等组成。

2）轿厢架：固定和支撑轿厢的框架，由底梁、立柱、上梁等组成。

### 5. 重量平衡系统

重量平衡系统的作用是平衡轿厢（或轿厢一侧）的重量，使电梯在工作中，轿厢与对重之间的重量差保持在某一个限额内，使曳引机只需克服轿厢与对重之间的重量差便能驱动电梯，保证电梯的曳引传动正常运行。它的作用有两个方面：一方面由于对重是相对轿厢悬挂在曳引绳的另一端，从而使曳引机只需克服两者之间的重量差就能使电梯运行，节省了动力；另一方面如电梯因制动失灵而下坠，由于存在着轿厢与对重的相互牵制，可以使坠落速度大为减慢，增加了电梯的安全性。

重量平衡系统的组成包括对重装置和曳引绳补偿装置。

1）对重装置：简称对重，由曳引绳经曳引轮与轿厢相连接，在运行过程中起平衡作用，对重装置由对重架和对重块组成。

2）曳引绳补偿装置：用来平衡由于电梯提升高度过高、曳引绳过长造成运行过程中偏重现象的部件。

### 6. 安全保护系统

安全保护系统的作用是保证电梯使用安全，防止危及人身和设备安全的事故发生。它由机械式安全装置和电气安全装置组成，其中主要的安全装置由限速器、安全钳装置、缓冲器、极限开关、端站限速装置、超载装置及安全触板（或近门保护装置）等组成。

1）限速器：安装在机房中，当电梯的运行速度超过额定速度一定值时，其动作能使安全钳起作用的安全装置。

2）安全钳装置：当限速器动作时，使轿厢或对重停止运行，保持静止状态，并能夹紧在导轨上的一种机械安全装置。安全钳装置安装在轿厢底梁（或对重）两侧。

3）缓冲器：位于井道底坑，用来吸收轿厢和对重动能的一种弹性缓冲安全装置。

4）极限开关：轿厢运行超越端站时，在轿厢或对重装置未接触缓冲器之前，强迫切断控制电路（机械极限开关）或主方向回路（电气极限开关），使电梯停止的非自动复位或自动复位的安全装置。

5）端站限速装置：当轿厢将达到端站时，强迫其减速并停止继续同向运行的保护装置。

6）超载装置：当轿厢超过额定载质量时，能发出警告信号并使轿厢运行装置关闭的安全装置。

7）安全触板：在轿门关闭过程中，当有乘客或障碍物触及时，使轿门重新打开的机械保护装置，安全触板安装在轿门内。

8）近门保护装置：设置在轿厢出入口处，在轿厢门关闭过程中，当出入口有乘客或障碍物时，通过电子元器件或其他部件发出光电信号，使轿厢门停止关闭，并重新打开的安全装置。

7．电力拖动系统

电力拖动系统的作用是提供动力，对电梯实行速度控制。它由曳引电机、供电系统、调速装置等组成。

1）曳引电机：为电梯的动力源，根据电梯配置可采用交流电动机或直流电动机。

2）供电系统：为电动机等用电设备提供电源的装置。

3）调速装置：对曳引电动机实行调速的装置。直流电梯一般采用励磁装置，交流变压变频调速电梯采用调频器。

8．电气控制系统

电气控制系统的作用是对电梯的运行实行操纵和控制。它由控制柜（屏）、操纵装置、轿厢位置显示装置、平层装置和选层器等组成。

1）控制柜（屏）：各种电子器件和控制单元安装在一个起防护作用的柜形结构内的电控设备。控制柜（屏）安装在机房内。

2）操纵装置：用开关、按钮操纵轿厢运行的电气装置。操纵装置包括操纵箱（盘）、召唤按钮箱等。

3）轿厢位置显示装置：用以显示轿厢所处楼层位置的装置。

4）平层装置：在平层区域内，使轿厢达到平层准确度要求的装置，由平层磁感应器或光电感应器和平层感应板组成。平层磁感应器或光电感应器安装在轿厢顶部，平层感应板安装在井道中各层平层位置，以平层感应板对磁感应器的插入起隔磁作用，并发出平层电信号。

5）选层器：一种机械或电气驱动的装置。用于执行或控制下述全部或部分功能：确定运行方向、加速、减速、平层、停止、取消呼梯信号、门操作、位置显示和层门指示灯控制。选层器有机械选层器和电子选层器两种。

# 1.3 电梯的分类、规格、型号和控制方式

## 1.3.1 电梯的分类

根据电梯的结构、标准和定义，电梯从以下几方面进行分类。

1. 按用途分类

1）乘客电梯：为运送乘客而设计的电梯。乘客电梯有完善和灵敏度较高的安全装置，轿厢经过装饰。广泛用于宾馆、办公楼、住宅楼等，不准载货。

2）载货电梯：主要为运送货物、车辆（轿厢比一般货梯大，常用前、后四根导轨或前、中、后六根导轨升降）等而设计的电梯。载货电梯不准用于载客，电梯司机可以在轿厢内操作电梯。

3）病床电梯（又称医用电梯）：为运送病床（包括病人）及小型医疗设备而设计的电梯。有专职司机操纵，运行速度不宜过快。

4）扶手电梯：广泛用于商场、地铁站出入口、医院等客流量较大的公共场所。

5）杂物电梯：广泛用于食堂、餐馆、宾馆的杂物搬运，以及医院、工厂、商店、仓库、银行、图书馆等处的小件货物运输。该类电梯具有规定楼层的固定式升降设备，设有一个轿厢，就其尺寸和结构形式而言，轿厢不允许载人。轿厢运行在两列垂直的或倾斜角小于15°的刚性导轨之间。

6）特种电梯：

① 船用电梯：船舶上使用的电梯，一般为乘客电梯和载货电梯。

② 观光电梯：井道和轿厢壁至少有同一侧透明，乘客可观看轿厢外景物，一般为乘客电梯。

③ 自动人行道：水平运输电梯，电气和机械控制原理与扶手电梯相似。

④ 液压电梯：通过控制液压动力源升降，一般用于体育馆、商场、厂房等。液压电梯分乘客电梯、观光电梯和载货电梯等。

⑤ 无机房电梯：常用于体育馆、商场、医院、厂房等。

⑥ 无障碍电梯：主要方便残障人员乘坐的电梯。

⑦ 防爆、防腐蚀型电梯：主要用于防爆、防腐蚀等特殊场所。

2．按速度分类

在我国电梯行业，习惯上按轿厢的运行速度将电梯划分为如下几种：

1）低速电梯：$v \leqslant 1.0$m/s。

2）快速电梯：1.0m/s $< v \leqslant$ 2.5m/s。

3）高速电梯：2.5m/s $< v \leqslant$ 6.0m/s。

4）超高速电梯：$v >$ 6.0m/s。

3．按拖动方式分类

1）交流电梯曳引电动机：曳引方式是交流电动机的电梯。

当交流电梯曳引电动机是单速电机时，称为交流单速电梯，其运行速度≤ 0.5m/s。

当交流电梯曳引电动机是双速电机时，称为交流双速电梯，其运行速度≤ 1m/s。

当交流电梯曳引电动机具有 ACVV 调速装置时，称为交流调压调速电梯，其运行速度≤ 1.75m/s。

当交流电梯曳引电动机具有变频变压调速装置时，称为交流变频变压调速电梯，简称 VVVF 控制电梯，广泛应用于各速度段。

2）直流电梯：曳引电动机是直流电动机的电梯。

曳引机带有减速箱的称为直流有齿电梯，曳引机不带减速箱的称为直流无齿电梯。

3）液压电梯：利用电动泵驱动液体，并通过控制进出液压缸的液体流量实现轿厢上下运行的电梯。液压电梯分为柱塞直顶式和柱塞侧置式两种。液压电梯具有上升需要动力驱动、下降靠轿厢重力释放液体而不需动力驱动的特点。

① 柱塞直顶式电梯：液压缸柱塞直接支撑轿厢底部，使轿厢升降的液压电梯，如图 1-5 所示。

② 柱塞侧置式电梯：液压缸柱塞设置在井道侧面，借助曳引绳，通过滑轮组与轿厢连接，使轿厢升降的液压电梯。

4）齿轮齿条式电梯：齿条固定在构架上，电动机、齿轮机都装在轿厢上，靠齿轮在齿条上的爬行来驱动轿厢。一般只用于建筑工地，也称“笼梯”，如图 1-6 所示。

4．按有无司机操纵分类

1）有司机电梯：由专门司机操纵的电梯。

2）无司机电梯：由乘客自己操纵的电梯。

3）有 / 无司机电梯：平时由乘客操纵，客流量大时或必要时由司机操纵的电梯。

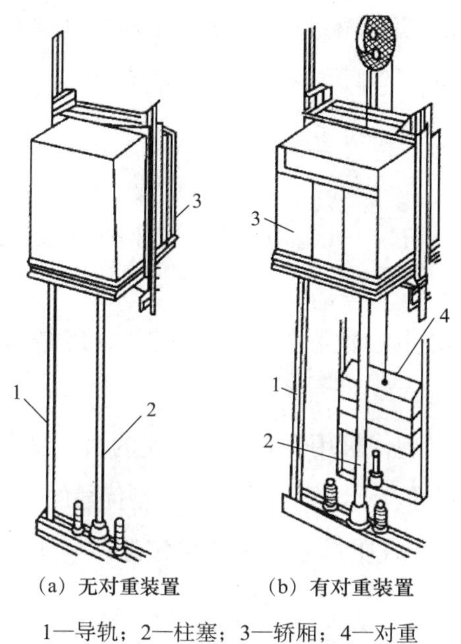

(a) 无对重装置　(b) 有对重装置

1—导轨；2—柱塞；3—轿厢；4—对重

图 1-5 柱塞直顶式电梯

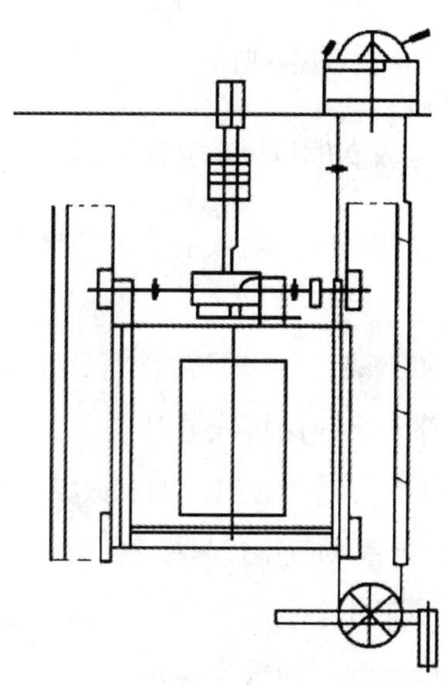
图 1-6 齿轮齿条式电梯

### 1.3.2 电梯的基本规格

电梯的基本规格如下：

1）电梯的用途：指电梯的应用功能。

2）额定速度：电梯设计时规定的轿厢速度，单位为 m/s。额定速度是电梯的主参数，是电梯设备、制造以及客户选用的主要依据之一。

3）额定载质量：电梯设计时规定的轿厢内最大载荷，单位为 kg，额定载质量也是电梯的主参数，且是电梯设计、制造以及客户选用的主要依据之一。

4）拖动方式：主要是指电梯采用的动力拖动种类，可分为交流拖动、直流拖动和液压拖动等。

5）控制方式：对电梯的运行实行操纵的方式，具体有手柄开关操纵、按钮控制、信号控制、上集选控制、下集选控制、并联控制和机群控制等。

6）轿厢尺寸：轿厢内部尺寸（宽度×深度×高度），载重（准载人数）不同，对尺寸的要求也不同。

7）门的形式：电梯门的结构形式，分为中分门和旁开门等。

① 中分门：层门或轿门由门口中间各自向左、右以相同速度开启的门。

② 旁开门：层门或轿门的两扇门，以两种不同速度向同一侧开启的门。

以上 7 项内容可以确定一台电梯的服务对象、运载能力、工作性能及对电梯井道机房的要求，称为基本规格。

### 1.3.3 电梯的型号和控制方式

电梯的型号就是采用一组字母和数字，以简明的方式把电梯基本规格的主要内容表示出来。

电梯、液压梯产品的型号由其类、组、型，主参数和控制方式三部分代号组成。第二、三部分之间用短线分开。

第一部分是类、组、型和改型代号。类、组、型代号用具有代表意义的大写汉语拼音字母表示，产品的改型代号按顺序用小写汉语拼音字母表示，置于类、组、型代号的右下方。

第二部分是主参数代号，其左侧为电梯的额定载质量，右侧为额定速度，中间用斜线分开，均用阿拉伯数字表示。

第三部分是控制方式代号，用具有代表意义的大写汉语拼音字母表示。

电梯型号的表示方法如图 1-7 所示。

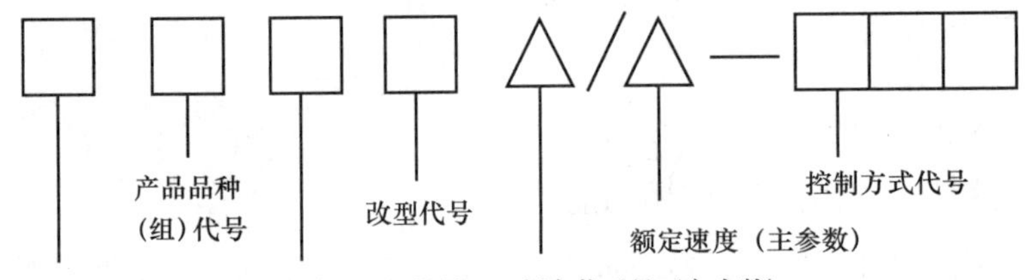


图 1-7 电梯型号的表示方法

其中，产品类别（类）代号如表 1-1 所示；产品品种（组）代号如表 1-2 所示；拖动方式（型）代号如表 1-3 所示；主参数代号如表 1-4 所示；控制方式代号如表 1-5 所示。

**表 1-1 产品类别（类）代号**

| 产品类别 | 代表汉字 | 拼音 | 采用代号 |
|---|---|---|---|
| 电梯 | 梯 | TI | T |
| 液压梯 | | | |

**表 1-2 产品品种（组）代号**

| 产品类别 | 代表汉字 | 拼音 | 采用代号 |
|---|---|---|---|
| 乘客电梯 | 客 | KE | K |
| 载货电梯 | 货 | HUO | H |

续表

| 产品类别 | 代表汉字 | 拼音 | 采用代号 |
| --- | --- | --- | --- |
| 病床电梯 | 病 | BING | B |
| 杂物电梯 | 物 | WU | W |
| 船用电梯 | 船 | CHUAN | C |
| 观光电梯 | 观 | GUAN | G |

**表 1-3　拖动方式（型）代号**

| 产品类别 | 代表汉字 | 拼音 | 采用代号 |
| --- | --- | --- | --- |
| 交流 | 交 | JIAO | J |
| 直流 | 直 | ZHI | Z |
| 液压 | 液 | YE | Y |

**表 1-4　主参数代号**

| 额定载质量 /kg | 表示方法 | 额定速度 /（m/s） | 代号 |
| --- | --- | --- | --- |
| 400 | 额定载重量为电梯主要参数，用阿拉伯数字表示 | 0.63 | 0.63 |
| 630 | | 1.0 | 1.0 |
| 800 | | 1.6 | 1.6 |
| 1000 | | 2.5 | 2.5 |

**表 1-5　控制方式代号**

| 控制方式 | 代表汉字 | 采用代号 |
| --- | --- | --- |
| 手柄开关控制、自动门 | 手、自 | SZ |
| 手柄开关、手动门 | 手、手 | SS |
| 按钮控制、自动门 | 按、自 | AZ |
| 按钮控制、手动门 | 按、手 | AS |
| 信号控制 | 信号 | XH |
| 集选控制 | 集选 | JX |
| 并联控制 | 并联 | BL |
| 梯群控制 | 群控 | QK |

注：控制方式采用微处理机时，以汉语拼音字母 W 表示，排在其他代号的后面。如采用微机的集选控制方式，代号为 JXW。

产品型号示例如下：

TKJ800/1.6-JX 表示交流调速乘客电梯，额定载质量 800kg，额定速度 1.6m/s，集选控制。

THY2000/0.63-AZ 表示液压货梯，额定载质量 2000kg，额定速度 0.63m/s，按钮控制，自动门。

## 1.4 电梯的主要性能指标

电梯的工作性能应以安全性能强、乘坐舒适感好、设备完好率高、故障率极低为主要目的。电梯的主要性能指标如下。

### 1.4.1 安全性

凡是载人的电梯，安全是至关重要的。安全包括 3 个方面：

1）不论钢丝绳的股数多少，曳引轮、滑轮或卷筒的节圆直径与悬挂绳的公称直径之比不应小于 40。悬挂绳的安全系数应按《电梯制造与安装安全规范》（GB 7588—2003）附录 N 计算，在任何情况下，其安全系数不应小于下列值：

① 对于用三根或三根以上钢丝绳的曳引驱动电梯为 12。

② 对于用两根钢丝绳的曳引驱动电梯为 16。

③ 对于卷筒驱动电梯为 12。

2）电梯应具备以下安全设施或保护功能，并能正常工作：

① 供电系统断相、错相保护装置或保护功能。

② 限速器安全钳系统联动超速保护装置，限速器、安全钳动作电气保护装置及限速器绳断裂或松弛保护装置。

③ 撞底缓冲装置（对于耗能型缓冲器，还应包括复位保护装置）。

④ 超越上下极限工作位置时的保护装置。

⑤ 层门与轿厢门的电气联锁装置，包括：

a．电梯正常运行时应不能打开层门，如果一个层门开着，电梯不能启动或继续运行。

b．验证层门锁紧的电气安全装置，紧急开锁与层门的自动关闭装置。

c．动力操纵的自动门在关闭运动期间，当有人穿过门口被撞击或即将被撞击时，应有一个自动使门重新开启的保护装置。

⑥ 紧急操作装置和停止保护装置：当停电或电气系统发生故障时，应有轿厢慢速移动的应急措施。滑轮间、轿顶、底坑应装有非自动复位的红色停止保护开关。

⑦ 轿顶应装设一个检修运行装置：如轿内、机房设有检修运行装置，应确保轿顶优先。

3）轿厢、曳引机等带金属外壳的部件均应可靠地连接在独立接地线上，并符合《电气装置安装工程接地装置施工及验收规范》（GB 50169—2016）。

### 1.4.2 可靠性

1．整机可靠性

整机可靠性应满足启制动运行 60000 次中，失效（故障）次数不超过 5 次。每次失效（故障）修复时间不应超过 1h。由于电梯本身造成的停机次数或不符合标准规定的整机性能要求的非正常运行次数，均被认为失效（故障）次数。

2．控制柜可靠性

控制柜可靠性应满足被其驱动与控制的电梯启制动运行 60000 次中，控制柜失效（故障）次数不超过 2 次。由于控制柜本身造成的停机次数或不符合标准规定的相关性能项目要求的非正常运行次数，均被认为失效（故障）次数。

### 1.4.3 舒适感

在电梯运行过程中，人在电梯加速上升或减速下降时，加速度引起的惯性力叠加到重力上，人体各器官承受更大的重力，使人产生重压感；而在加速下降或减速上升时，加速度产生的惯性力抵消了部分重力，使人产生上浮感。人们把这种重压感和上浮感统称为不舒适感。考虑到人体生理上对加、减速度的承受能力，《电梯技术条件》（GB/T 10058—2009）规定了电梯加速度的最大值和最小值：

1）电梯启动加速度和制动减速度最大值均不应大于 $1.5m/s^2$。

2）当乘客电梯额定速度为 $1.0m/s < v \leqslant 2.0m/s$ 时，按《电梯乘运质量测量》（GB/T 24474—2009）测量，A95（在定义的界限范围内，95% 采样数据的加速度或振动值小于或等于的值）的加、减速度不应小于 $0.50m/s^2$；当乘客电梯额定速度为 $2.0m/s < v \leqslant 6.0m/s$ 时，A95 的加、减速度不应小于 $0.70m/s^2$。

### 1.4.4 平层准确度

平层准确度指的是轿厢到站停靠后，轿厢地坎上平面与层门地坎上平面之间垂直方向的偏差。各类电梯轿厢的平层准确度应满足以下规定：$v \leqslant 0.63\text{m/s}$ 的交流双速电梯，在 ±15mm 的范围内；$0.63\text{m/s} < v \leqslant 1.00\text{m/s}$ 的交流双速电梯，在 ±30mm 的范围内；$v \leqslant 2.5\text{m/s}$ 的各类交流调速电梯和直流电梯，均在 ±15mm 的范围内。

## 1.5 振动与噪声指标

1）振动：乘客电梯轿厢运行时垂直方向和水平方向的振动加速度分别不应大于 $25\text{cm/s}^2$ 和 $15\text{cm/s}^2$。

2）噪声：电梯的各机构和电气设备在工作时不得有异常振动或撞击声响。电梯的噪声值应符合表 1-6 的规定。

**表 1-6 电梯的噪声值**

单位：dB

| 机房平均噪声 | 运行中轿厢内最大噪声 | 开关门过程中的最大噪声 |
|---|---|---|
| ≤ 80 | ≤ 55 | ≤ 65 |

注：① 载货电梯仅考核机房噪声值。
② 对于 $v$=2.5m/s 的乘客电梯，运行中轿内噪声最大值不应大于 60dB。

## 1.6 电梯的常用名词术语

为了更好地学习以后的内容，下面介绍电梯常用的关键名词术语。

1）机房：安装一台或多台曳引机及其附属设备的专用房间。

① 机房高度：机房地面至机房顶板之间的最小垂直距离。

② 机房宽度：机房内沿平行于轿厢宽度方向的水平距离。

③ 机房深度：机房内垂直于机房宽度的水平距离。

④ 机房面积：机房的宽度与深度乘积。

2）层站：各楼层用于出入轿厢的地点。

3）层站入口：在井道壁上的开口部分，构成从层站到轿厢之间的通道。

4）基站：轿厢无投入运行指令时停靠的层站，一般位于大厅或底层端站乘客最多的地方。

5）层间距离：两个相邻停靠层站层门地坎之间的距离。

6）井道：轿厢和对重装置或液压缸柱塞运动的空间。此空间是以井道底坑的底井道壁和井道顶为界限的。

7）井道宽度：平行于轿厢宽度方向井道壁内表面之间的水平距离。

8）井道深度：垂直于井道宽度方向井道壁内表面之间的水平距离。

9）底坑底层：端站地板以下的井道部分。

10）底坑深度：由底层端站地板至井道底坑地板之间的垂直距离。

11）顶层高度：由顶层端站地板至井道顶、板下最突出构件之间的垂直距离。

12）电梯提升高度：从底层端站楼面至顶层端站楼面之间的垂直距离。

13）井道内牛腿：位于各层站出入口下方井道内侧，供支撑层门地坎所用的建筑物突出部分。

14）开锁区域：轿厢停靠层站时在地坎上、下延伸的一段区域。当轿厢底在此区域内时门锁方能打开，使开门机动作，驱动轿门、层门开启。

15）平层：在平层区域内可使轿厢地坎与层门地坎达到同一平面的运动。

16）平层区：轿厢停靠站上方或下方的一段有限区域。在此区域内可以用平层装置来使轿厢运行达到平层要求。

17）电梯司机：经过专业训练、有合格操作证的授权操纵电梯的人员。

18）轿底间隙：当轿厢处于安全压缩缓冲器位置时，从底坑地面到安装在轿底下部最低构件的垂直距离（最低构件不包括滑动导靴或滚轮导靴、安全钳和护脚板）。

19）轿顶间隙：当对重装置处于安全压缩缓冲器位置时，从轿厢顶部最高构件至井道顶部结构最低部分之间的垂直距离。

20）对重装置顶部间隙：当轿厢在底层端站平层时，对重装置最高的部分和井道顶部或任何最低部分之间的最短垂直距离。

21）铰链门：门的一侧为铰链连接、由井道向通道方向开启的层门。

22）消防开关盒：发生火灾时，供消防人员将电梯转入消防状态使用的电气装置，一般设置在基站。

23）护脚板：从层站地坎或轿厢地坎向下延伸，并具有平滑垂直部分的安全挡板。

24）挡绳装置：防止曳引绳越出绳轮槽的安全防护部件。

25）轿厢安全窗：在轿厢顶部向外开启的封闭窗，供安装、检修人员使用或发生事故时援救和撤离乘客的轿厢应急出口。窗上装有当窗扇打开即可断开控制电路的开关。

26）轿厢安全门或应急门：同一井道内有多台电梯，在相邻轿厢壁上并向内开启的门，供乘客和司机在特殊情况下离开轿厢，改乘相邻轿厢的安全出口。门上装有当门扇打开即可断开控制电路的开关。

27）紧急开锁装置：为应急需要，在层门外借助层门上三角钥匙孔可将层门打开的装置。

28）应急电源装置：供电电源出现故障而断电时，供轿厢运行到邻近层站停靠的电源装置。

29）钢带传动装置：通过钢带将轿厢运行状态传递到选层器的装置。

30）钥匙开关盒：供专职人员使用钥匙才能使电梯投入运行或停止的电气装置。

# 第 2 章　电梯维护保养

## 2.1　电梯维护保养的重要性、特点及工作要求

### 2.1.1　从乘客角度看电梯维护保养的重要性

我们在日常的生活工作中经常使用电梯。从以蒸汽作为动力的载人升降机问世至今，电梯技术经历了长期稳定的发展，现已进入更加安全、可靠、舒适、高效、节能、低噪声及智能化的新阶段。在科技快速发展的今天，电梯与人们的工作、生活和生产的关系越来越密切。人们在乘梯过程中，都希望能够得到安全、快速、舒适的服务。要做到这一点，除了电梯的设计、制造、安装环节外，更重要的是做好投入使用后的日常维护保养和定期检修，使电梯始终保持其应有的性能和良好的运行状态。

电梯是以人为主要服务对象的运输工具，要做到服务良好、安全运行，需要进行日常保养和定期检修。能否做好使用过程中的维护保养，在一定程度上取决于对其重要性及特点的认识。下面先从乘客的角度讲述电梯维护保养的重要性，进而对其特点予以分析，并提出做好维护保养的工作要求。

电梯的性能和运行状态是否良好，影响着电梯的使用效率和服务质量，关系到乘客的安全。所以，乘客在乘电梯时，会关注电梯的运行状态和保养状况。

在现代化的宾馆、饭店里，电梯是仅次于供电、供水、供热和空调系统之后的重要服务设备。调查发现，对于新住店的客人，电梯会成为他们在饭店建筑外观和公共场所服务设施之后关注的第三个方面。当客人来到候梯厅时，他们所关心的是等待乘梯的时间。进入轿厢后，他们很注意选层按钮是否好用，轿厢照明是否完好，关门噪声是否大，轿厢运行是否平稳、舒适。如果按钮不灵敏、轿厢关门噪声大、运行不平稳或平层不好，即使电梯很安全，客人也会在心理上感到不适。若轿厢内清洁状况不好，也会影响客人乘梯感受，进而影响饭店的口碑。

在商场、办公楼和住宅楼等电梯使用场所，乘梯者也会关注电梯的运行状态和保养状

况。乘客的观察和评价无疑对重视和加强电梯的维护保养是一种提示。

人们常用“电梯是三分使用、七分保养”这句话来强调维护保养的重要性，其意义主要体现在以下几个方面：

1）保持电梯应有的性能和良好的工作状态，提高服务质量。

2）通过日常检查维护，能够及时发现运行故障，排除事故隐患，实现电梯安全可靠地运行，避免事故发生。

3）有利于延长电梯的使用寿命，节约维修费用。电梯是建筑物中的重要设备之一，其购置费和安装费在工程造价中占有相当大的比例，并且每年还需要一定的维护费用。维护保养好的电梯，不仅可以延长大修周期，减少修理费用，而且可以延长电梯的使用寿命。

4）有助于在维护保养工作中锻炼维修人员队伍，不断提高电梯维修人员的专业素质。维护保养电梯，需要维修人员具备扎实的专业知识和熟练的操作技能。通过维护保养实践，维修人员可以从中进一步熟悉电梯的结构、原理，掌握它的特点、规律及其技术要求，培养熟练的操作技能，提高工作效率和维护保养质量。

5）通过对电梯的使用管理和维护保养，可以不断积累电梯的运行管理经验，并将电梯在设计、制造、安装方面存在的不足之处反馈给电梯生产厂家和安装单位，有利于加强电梯产品的全面质量管理，促进我国电梯业的发展。

### 2.1.2 电梯维护保养的特点

电梯结构复杂，控制环节多，安全可靠性要求高，且有相当一部分零部件安装在封闭的井道里，增加了维护保养的难度。

1．检查部件分散

电梯的各组成部件，除机房部分安装比较集中外。其余大部分组件是分散安装在电梯专用井道、底坑及各层站的。因此，对电梯的日常检查和维护，往往存在易巡视部位做得多、不易巡视部位做得少的问题，有的甚至是出了故障才去处理。要知道，电梯在运行过程中，每一个转动部件都存在着磨损；每一个紧固部件都可能出现松动、易位；每一个电气触点因频繁动作而有可能出现接触不良或粘连等。这些隐患如果不能及时检查、发现并处理，必将使电梯运行的故障率升高，从而诱发事故。所以，对于电梯的日常维护保养，既要注意易巡视和操作方便的部位，更要重视不易巡视、操作难度大的部位，使电梯的日常维护保养真正建立在全方位的基础上。

2．维护保养工作量大

电梯的运行故障大多源于组成部件脏污、润滑不良，以及配合间隙和相对位置因紧固螺栓松动、磨损等而发生变化。这是因为：

1）电梯的大部分组件安装在井道、底坑及轿厢外部，且不具备良好的密封条件，极易被井道里对流空气带入的灰尘沾染。轿门和层门地坎、滑轨、吊门轮和滑块及门锁等部件因乘客的频繁进出，空气中的尘埃和地毯中的细纤维等污染得更快，造成机构动作受阻，电气触头接触不良。

2）电梯在运行过程中，由于频繁的启停和换向运行所产生的冲击力，使转动部件的磨损加快，如轴承的磨损、制动带的磨损、蜗轮蜗杆的啮合面磨损、曳引轮轮槽与曳引绳的磨损、导靴靴衬的磨损及门机系统、门锁、吊门轮和滑块的磨损等。以上问题，除制动带和导靴靴衬易损件需定期更换外，各机械部件都必须保持良好的润滑，以免转动部件相互间的直接摩擦。有的电梯之所以出现“抱轴”、断轴事故，均因无润滑所致。

3）组成电梯的构件多达几十种，这些构件因频繁动作受力，往往易出现紧固部件松动，致使构件动作难以准确到位而出现运行故障。为了使构件正常工作，必须定期检查其配合间隙和相对位置的精度，及时紧固松动的零部件，更换已磨损严重的构件。

由此可以看出，电梯的日常维护保养，主要是做好清洁保养、润滑保养和调整紧固这三项工作。这些基础性的保养工作在电梯的全部维护保养中占有相当大的比例，可以说电梯的日常维护保养是保证电梯安全正常运行的关键。实践证明，只要坚持做好上述三项基础性的维护保养工作，电梯运行的可靠性就会大大提高，故障率也随之明显降低，就可以使电梯保持一个较好的运行状态，发挥应有的功能。

3．安全可靠性要求高

由于电梯的主要服务对象是人，能接受人的指令，完成对人的服务，因此，维护保养电梯，必须以保证电梯安全运行为宗旨。尽管现代电梯设置了多种安全保护装置，但这只是电梯在运行中一旦出现意外情况，为避免事故发生而采取的保护措施。如果把电梯的安全运行建立在仅仅依靠其安全装置的保护上，而放松全面的维护保养，显然是不对的。更何况，安全保护装置本身就存在日常检查维护和定期试验的问题。事实上，电梯在频繁使用过程中，正常的磨损不可避免，关键是要及时发现，及时维修，否则，磨损必将由量变到质变，加速机件的损坏，故障率将会明显升高，而故障的出现意味着事故隐患的存在。

4. 机电结合紧密性强

电梯是机械装置与电气系统紧密结合且技术含量较高的复杂机器。它在运行过程中的反复启动、升降和停于平层、开关门以及异常情况下的安全保护，都是在电气系统的控制下完成的。多构件的有机组合与复杂的电气线路的密切结合是电梯产品的突出特点之一。因此，无论是在正常的维护保养工作中，还是在分析排除运行故障时，都必须从构件的相互关系和电气的相关控制环节两方面进行。忽视任何一个环节都不可能做好电梯的维护保养，也不利于迅速地排除故障，使电梯保持良好的运行状态。

### 2.1.3 电梯维护保养的工作要求

1. 电梯规范化使用管理

对于使用单位来讲，任何设备从选购的方案论证开始，就已进入了设备管理阶段；从设备投入使用之日起，就存在着维护保养问题。从前面对电梯维护保养特点的分析可以看出，要想维护保养好电梯，必须做到五个坚持。

（1）坚持日常巡视检查制度

通过对电梯运行状态的走动式监视，掌握各主要部位的润滑、温升、运转声音、仪表指示和信号显示的实际状况，及时排除异常现象，对电梯的运行状态做到心中有数。

（2）坚持定期维护保养制度

根据电梯各部位的工作特点和保养要求，按半月、季度、半年、年度的方式，进行有针对性的清洁、润滑、调整和必要的紧固、修理，使电梯保持良好的工作状态。

（3）坚持计划性检修制度

根据电梯的日常保养状况和使用频繁程度，确定大、中修的项目和时间。对电梯各部位进行分解、清洗、检查、修理，更换磨损严重已不能继续使用和老化的零部件、元器件，使电梯达到应有的技术性能和工作状态，延长电梯的使用寿命。

（4）坚持年度安全技术检验制度

通过每年一次由当地政府主管部门对电梯的安全系统和整体性能进行全面规范性检验，对存在的问题及时整改，以确保电梯使用安全。

（5）坚持规范化的使用管理制度

安全使用管理、技术档案管理、维护人员和电梯司机的专业培训考核等，必须规范，有章可循。对同一部电梯，其维护人员应保持稳定（避免经常更换维护人员）。

以上五项制度的内容，对服务于乘客的电梯用户，一般都能认真坚持执行，做到管理机构、维修管理人员、管理制度、实施措施“四落实”；而对电梯数量少，以自用为主的电梯用户，则往往不能很好地坚持。在电梯投入使用的前期阶段，安装单位通常有一年的保修期，有的就以此来维持电梯的运行，而不注意培养自己的维修人员。有的还采取委托有资质证的专业安装队伍进行承包维修的方式。无论采用何种形式的维护保养，都不可忽视上述制度的落实，从而使电梯的运行建立在正常维护保养的基础上。

2．电梯使用管理与维护保养制度

为规范电梯日常管理，确保电梯的安全运行，减少故障、提高运行质量和效率，必须建立电梯维护保养制度。

1）维护保养单位对其维护保养电梯的安全性能负责。对新承担维护保养的电梯是否符合安全技术规范要求应当进行确认，维护保养后的电梯应当符合相应的安全技术规范，并且处于正常的可用运行状态。

2）维护保养单位应当履行下列职责：

① 按照《电梯使用管理与维护保养规则》及其有关安全技术规范以及电梯产品安装使用维护说明书的要求，制定维护保养方案，确保其维护保养电梯的安全性能。

② 制定应急措施和救援预案，每半年至少针对本单位维护保养的不同类别（类型）的电梯事故应急处理进行一次应急演练。

③ 设立 24h 维护保养值班电话，保证接到故障通知后及时予以排除，接到电梯困人故障报告后，维修人员及时抵达维护保养电梯所在地实施现场救援。直辖市或者市区的抵达时间不超过 30min，其他地区一般不超过 1h。

④ 对电梯发生的故障等情况，及时进行详细的记录。

⑤ 建立每部电梯的维护保养记录，并且归入电梯技术档案，档案至少保存 4 年。

⑥ 协助使用单位制定电梯的安全管理制度和应急救援预案。

⑦ 对承担维护保养的作业人员进行安全教育与培训，按照特种设备作业人员考核要求，组织取得具有电梯维修项目的特种设备作业人员证的作业人员进行培训和考核，培训和考核记录存档备查。

⑧ 每年度至少进行 1 次自行检查，自行检查在特种设备检验检测机构进行定期检验之前进行，自行检查项目根据电梯使用状况确定，但是不少于本规则年度维护保养和电梯定期检验规定的项目及其内容，并且向使用单位出示具有自行检查和审核人员的签字、加盖维护保养单位公章或者其他专用章的自行检查记录或者报告。

⑨ 安排维护保养人员配合特种设备检验检测机构进行电梯的定期检验。

⑩ 在维护保养过程中，发现事故隐患及时告知电梯使用单位；发现严重事故隐患，及时向当地质量技术监督部门报告。

3）电梯的维护保养分为半月、季度、半年、年度维护保养，其维护保养的基本项目（内容）和达到的要求见 2.7 节相关内容。维护保养单位应当依据维护保养项目要求，按照安装使用维护说明书的规定，并且根据所保养电梯使用的特点，制订合理的保养计划与方案，对电梯进行清洁、润滑、检查、调整，更换不符合要求的易损件，使电梯达到安全要求，保证电梯能够正常运行。

在现场维护保养时，如果发现电梯存在问题需要通过增加维护保养项目（内容）予以解决的，应当相应增加并及时调整保养计划与方案。

如果通过维护保养或者自行检查，发现电梯仅依靠合同规定的维护保养项目（内容）已经不能保证安全运行，需要改造、维修或者更换零部件、更新电梯时，应当向使用单位书面提出。

4）维护保养单位进行电梯维护保养过程及问题，应当进行记录。记录至少应包括以下内容：

① 电梯的基本情况和技术参数，包括整机制造、安装、改造、重大维修单位名称，电梯品种（形式），产品编号，设备代码，电梯原型号或者改造后的型号，电梯基本技术参数。

② 使用单位、使用地点、使用单位内编号。

③ 维护保养单位、维护保养日期、维护保养人员（签字）。

④ 电梯维护保养的项目（内容），进行的维护保养工作，达到的要求，发生调整、更换易损件等工作时的详细记载。维护保养记录应当经使用单位安全管理人员签字确认。

5）维护保养记录中的电梯基本技术参数主要包括以下内容：

① 曳引或者强制式驱动乘客电梯、载货电梯的驱动方式、额定载重量、额定速度、层站数。

② 液压电梯的额定载重量、额定速度、层站数、油缸数量、顶升形式。

③ 杂物电梯的驱动方式、额定载重量、额定速度、层站数。

④ 自动扶梯和自动人行道的倾斜角度、额定速度、提升高度、梯级宽度、主机功率、使用区段长度（自动人行道）。

6）维护保养单位的质量检验（查）人员或者管理人员应当对电梯的维护保养质量进行不定期检查，并且进行记录。

# 2.2　电梯机房设备的维护保养

## 2.2.1　曳引机的维护保养

1．操作前需要准备的工具

进行电梯曳引机保养前需要准备下列工具，见表 2-1。

**表 2-1　曳引机维护保养准备工具**

| 序号 | 工具名称 | 数量 | 序号 | 工具名称 | 数量 |
| --- | --- | --- | --- | --- | --- |
| 1 | 手套 | 1 副 | 9 | 三角钥匙 | 1 把 |
| 2 | 一字旋具 | 1 把 | 10 | 钢直尺 | 1 把 |
| 3 | 十字旋具 | 1 把 | 11 | 90°角尺 | 1 把 |
| 4 | 塞尺 | 1 套 | 12 | 温度表 | 1 个 |
| 5 | 转速表 | 1 块 | 13 | 磁性线坠 | 1 个 |
| 6 | 安全帽 | 1 顶 | 14 | 安全鞋 | 1 双 |
| 7 | 工作服 | 1 套 | 15 | 口罩 | 1 个 |
| 8 | 围栏 | 2 个 | | | |

2．曳引机的维护保养操作步骤

曳引机的维护保养操作步骤具体见表 2-2。

**表 2-2　曳引机的维护保养操作步骤**

| 序号 | 现场操作项目 | 操作步骤 | 技术指标 |
| --- | --- | --- | --- |
| 1 | 曳引机维护保养前的准备 | 打开机房照明开关 | |
| | | 检查机房温度 | 机房温度应为 5 ～ 40℃ |
| | | 检查机房排气扇是否工作正常 | 机房通风应正常 |

续表

| 序号 | 现场操作项目 | 操作步骤 | 技术指标 |
|---|---|---|---|
| 1 | 曳引机维护保养前的准备 | 检查机房是否配备基本消防设备 | 机房应配备灭火器 |
| | | 断开电梯电源 | 1. 使用三方对讲系统与电梯轿厢联系，确保轿厢内无人<br>2. 断开电梯总电源，但不应断开下列用电设备的电源：<br>（1）轿厢照明和通风<br>（2）轿顶电源插座<br>（3）机房、滑轮间照明<br>（4）机房、滑轮间和底坑电源插座<br>（5）电梯井道照明<br>（6）报警装置<br>3. 打开井道照明开关<br>4. 断开控制柜电源<br>5. 按下急停按钮 |
| 2 | 减速箱的检查 | 检查减速箱油位，减速箱应有合理的注油量 | 1. 曳引机工作时，润滑油的液面不稳定，为保证润滑油测量的准确性，应取出曳引机油针，将油针表面的润滑油擦拭干净<br>2. 正常的润滑油液面应位于两条刻线之间<br>3. 如果润滑油液面超过油针的上限，需要从排油孔将润滑油排出<br>4. 如果润滑油液面超过油针的下限，需要从注油孔将润滑油注入 |
| | | 检查减速箱油温 | 1. 使用热电偶温度表，并调到温度挡位<br>2. 测量曳引机减速箱外壳温度，该温度应低于 85℃ |
| 3 | 制动器的检查 | 检查制动器线圈 | 1. 使用热电偶温度计测量制动器线圈，温升应控制在 60℃以下，最高温度应不大于 105℃<br>2. 目测制动器线圈，线圈接头应可靠，外部绝缘良好 |
| | | 检查制动轮 | 制动轮表面应清洁，假如有油溅到其表面，应立即擦干净 |
| | | 检查电磁铁铁芯动作是否灵活 | 外观检查，必要时用塞尺测量，制动时两侧闸瓦应紧密、均匀地贴合在制动轮工作面上，松闸时制动轮与闸瓦不发生摩擦。如果不灵活，可在套筒内与活动铁芯之间用石墨粉润滑 |
| | | 其他注意事项 | 制动器开闸四角处间隙两侧平均值不大于 0.7mm，开闸时同步离开，制动时两侧闸瓦应紧密、均匀地贴合在制动轮的工作面上（目测） |
| 4 | 曳引轮绳槽磨损、槽型的检查 | 检查曳引机绳槽 | 目测，曳引轮绳槽应无杂物；如有，需要清除绳槽内的杂物和堆积的油脂 |
| | | 确定曳引轮槽型，检查曳引轮绳槽深度 | 1. 将 90° 角尺放在绳槽上方<br>2. 选择合适的塞尺<br>3. 使用塞尺测量绳槽内钢丝绳与 90° 角尺的间隙，将测量结果记录下来。曳引轮绳槽深度应均匀，该间隙与间隙平均值应不超过 1mm，如超过建议更换钢丝绳 |

续表

| 序号 | 现场操作项目 | 操作步骤 | 技术指标 |
|---|---|---|---|
| 5 | 导向轮绳槽磨损、槽型的检查 | 检查绳槽 | 应清除绳槽内的杂物和堆积的油脂 |
| | | 确定导向轮槽型，检查导向轮绳槽深度 | 导向轮绳槽深度应均匀（测量方法同曳引轮的测量） |
| 6 | 曳引机钢丝绳挡绳杆的检查 | 检查钢丝绳与挡绳装置的间隙 | 将 90° 角尺垂直放在曳引轮上，并且靠近挡绳杆。再将塞尺水平靠在挡绳杆下方，塞尺与 90° 角尺交于一点，该点的刻度值即绳槽与挡绳杆的距离，测得数值应不超过钢丝绳直径的一半 |
| 7 | 曳引轮垂直度的测量 | 使用 90° 角尺与线锤测量曳引轮的垂直度 | 1．在曳引轮上沿悬挂线锤，使用 90° 角尺测量线锤与曳引轮上沿的距离<br>2．使用 90° 角尺测量线锤与曳引轮下沿的距离<br>误差为曳引轮上沿的距离 – 曳引轮下沿的距离，所得值符合国家标准的要求（不大于 2mm） |
| 8 | 恢复电梯正常运行 | 使各个开关复位 | 1．恢复急停开关<br>2．恢复控制柜总开关<br>3．关闭井道照明开关<br>4．恢复电梯机柜总电源开关<br>5．一切做完后观察电梯能否正常运行，若不能运行应返回检查 |
| 9 | 曳引机线速度、角速度的测量 | 在曳引机上设置荧光点 | 在曳引机转动部分贴上荧光反射标志 |
| | | 测量角速度 | 1．将转速表挡位调至角速度<br>2．将转速表的红外线发射装置对准荧光点，测量角速度 |
| | | 测量线速度 | 1．将转速表挡位调至线速度<br>2．安装线速度表头<br>3．将转头靠住曳引钢丝绳，测量钢丝绳的运行速度。根据钢丝绳的绕法和运行速度确定电梯轿厢的实际运行速度。如果是 1 ∶ 1 绕法，则轿厢的运行速度等于钢丝绳的运行速度；如果是 2 ∶ 1 绕法，则轿厢的运行速度等于钢丝绳的运行速度除以 2。当电源为额定电压、额定频率时，电梯轿厢半载，向下运行至行程中段（除去加速段和减速段）时的速度不得大于额定速度的 105%，也不宜小于额定速度的 92% |

### 3．曳引机保养信息表

在完成曳引机维护保养的工作任务过程中，填写表 2-3，作为电梯维护保养记录。

表 2-3　曳引机维护保养信息表

<table>
<tr><td rowspan="2">序号</td><td>工作任务：曳引机维护保养</td><td>维护保养操作记录检查（√）</td><td colspan="2">处理结论：<br>正常（√）、不良（×）、已办（○）、待办（注明）</td><td>维修及保养工具</td></tr>
<tr><td>内容</td><td>检查、测量情况</td><td>检查结果</td><td>处理情况</td><td>取用情况</td></tr>
<tr><td>1</td><td>电梯曳引机主机</td><td>运行时无异常振动和异常声响</td><td></td><td></td><td rowspan="12">1．钳形电流表<br>2．数字式声级计<br>3．吸尘器<br>4．标准测力计<br>5．90° 角尺<br>6．塞尺<br>7．卷尺<br>8．磁力线坠<br>9．活扳手<br>10．梅花扳手<br>11．万用表<br>12．试电笔<br>13．十字旋具<br>14．一字旋具<br>15．毛刷<br>16．平口钳<br>17．尖嘴钳<br>18．手电筒<br>19．游标卡尺<br>20．水平尺<br>21．转速表<br>22．温度表</td></tr>
<tr><td>2</td><td>电梯抱闸制动、开闸间隙、温度</td><td>开闸、合闸：开闸无摩擦、合闸声响无异常；温度（℃）</td><td></td><td></td></tr>
<tr><td>3</td><td>电梯制动器间隙</td><td>制动衬与制动轮不发生摩擦，间隙值符合制造单位要求</td><td></td><td></td></tr>
<tr><td>4</td><td>电梯曳引机角速度、线速度</td><td>角速度（　）rad/s<br>线速度（　）m/s</td><td></td><td></td></tr>
<tr><td>5</td><td>曳引机绳槽磨损、槽型（半圆形、V形、凹形）</td><td>各绳槽深度（mm）：1（　）、2（　）、3（　）、4（　）、5（　）、6（　）</td><td></td><td></td></tr>
<tr><td>6</td><td>导向轮绳槽磨损（半、全绕）</td><td>各绳槽深度（mm）：1（　）、2（　）、3（　）、4（　）、5（　）、6（　）</td><td></td><td></td></tr>
<tr><td>7</td><td>曳引钢丝绳、挡绳杆</td><td>钢丝绳与挡绳杆的间隙（mm）</td><td></td><td></td></tr>
<tr><td>8</td><td>曳引机垂直度</td><td>使用 90° 角尺与磁力线坠测量垂直度</td><td></td><td></td></tr>
<tr><td>9</td><td>编码器</td><td>清洁、安装牢固、运行时无明显晃动</td><td></td><td></td></tr>
<tr><td>10</td><td>制动器作为轿厢意外移动保护装置，制停子系统时的自监测</td><td>制动力人工方式检测符合国标要求，制动力自检测系统有记录</td><td></td><td></td></tr>
<tr><td>11</td><td>制动力检测</td><td>保持足够的制动力，必要时进行轿厢装载 125% 额定载质量的制动实验</td><td></td><td></td></tr>
<tr><td>12</td><td>制动器上动作状态监测装置</td><td>工作正常，制动器动作可靠</td><td></td><td></td></tr>
</table>

4．曳引机部件实用技术要求

1）不论钢丝绳的股数多少，曳引轮、滑轮或卷筒的节圆直径与悬挂绳的公称直径之比应不小于 40。

2）当轿厢载有 125% 额定载荷并以额定速度向下运行时，操作制动器能使曳引机停止运转。

3）正常运行时，制动器应在持续通电下保持松开状态。

4）切断制动器电流，至少应用两个独立的电气装置来实现，不论这些装置与用来切断电梯驱动主机电流的电气装置是否为一体。

5）制动器应是不易燃的，应保持制动衬清洁，磨损量不超过制造单位要求。

6）制动器应动作灵活，制动时两侧闸瓦应紧密、均匀地贴合在制动轮的工作面上；松闸时应同步离开，其四角处间隙两侧平均值不大于 0.7mm。制动器电磁线圈温升应控制在 60℃以下，最高温度应不高于 105℃。

### 2.2.2　限速器的维护保养

1．操作前需要准备的工具

进行电梯限速器维护保养前需要准备下列工具，见表 2-4。

**表 2-4　限速器维护保养准备工具**

| 序号 | 工具名称 | 数量 | 序号 | 工具名称 | 数量 |
|---|---|---|---|---|---|
| 1 | 手套 | 1 副 | 7 | 三角钥匙 | 1 把 |
| 2 | 一字旋具 | 1 把 | 8 | 钢直尺 | 1 把 |
| 3 | 十字旋具 | 1 把 | 9 | 90° 角尺 | 1 把 |
| 4 | 塞尺 | 1 套 | 10 | 围栏 | 2 个 |
| 5 | 安全帽 | 1 顶 | 11 | 安全鞋 | 1 双 |
| 6 | 工作服 | 1 套 | 12 | 毛刷 / 吸尘器 | 1 个 /1 台 |

2．限速器的维护保养操作步骤

限速器的维护保养操作步骤具体见表 2-5。

**表 2-5　限速器的维护保养操作步骤**

| 序号 | 现场操作项目 | 操作步骤 | 技术指标 |
|---|---|---|---|
| 1 | 限速器保养前的准备 | 打开机房照明开关 | |
| | | 检查机房温度 | 机房温度应为 5 ～ 40℃ |
| | | 检查机房排气扇是否工作正常 | 机房通风应正常 |
| | | 检查机房是否配备基本消防设备 | 机房应配备灭火器 |

续表

| 序号 | 现场操作项目 | 操作步骤 | 技术指标 |
|---|---|---|---|
| 1 | 限速器保养前的准备 | 断开电梯电源 | 1. 使用三方对讲系统与电梯轿厢联系，确保轿厢内无人<br>2. 断开电梯总电源，但不应断开下列用电设备的电源：<br>（1）轿厢照明和通风<br>（2）轿顶电源插座<br>（3）机房、滑轮间照明<br>（4）机房、滑轮间和底坑电源插座<br>（5）电梯井道照明<br>（6）报警装置<br>3. 打开井道照明开关<br>4. 断开控制柜电源<br>5. 按下急停按钮 |
| 2 | 检查限速器能否可靠动作 | 打开限速器外壳 | 1. 打开限速器外壳固定螺钉<br>2. 将外壳取下，露出限速器内部 |
| 3 | 检查限速器运动部件的动作是否灵活、可靠 | 观察限速器内部结构 | |
| | | 将限速器动作杠杆释放 | |
| | | 将限速器棘爪释放，使甩块下落并将限速器钢丝绳卡住 | 用甩块将减速器钢丝绳卡住 |
| 4 | 检查限速器绳槽磨损情况 | 检查限速器绳槽 | 1. 将90°角尺架在绳槽上方<br>2. 选择合适的塞尺，用塞尺测量钢丝绳至90°角尺的距离，该距离与之前测量曳引机的数据偏差不应超过10% |
| | | 检查绳槽 | 应清除绳槽内的杂物和堆积的油脂 |
| 5 | 进行限速器复位 | 使限速器开关复位 | 1. 手动复位限速器开关动作挡杆<br>2. 使限速器动作开关复位 |
| | | 使限速器甩块复位 | 手动将限速器甩块复位到正常位置 |
| | | 使限速器外壳复位 | 将限速器外壳固定螺钉复位 |
| 6 | 恢复电梯正常运行 | 使各个开关复位 | 1. 恢复急停开关<br>2. 恢复控制柜总开关<br>3. 关闭井道照明开关<br>4. 恢复电梯机柜总电源开关<br>5. 一切做完后观察电梯能否正常运行，若不能运行应返回检查 |

### 3．限速器保养信息表

在完成限速器维护保养的工作任务过程中，填写表2-6，作为电梯维护保养记录。

表 2-6　限速器维护保养信息表

| 序号 | 工作任务：限速器的保养 | 维护保养操作记录检查（√） | 处理结论：正常（√）、不良（×）、已办（○）、待办（注明） | | 维修及保养工具 |
|---|---|---|---|---|---|
| | 内容 | 检查、测量情况 | 检查结果 | 处理情况 | 取用情况 |
| 1 | 电梯限速器内所有运动部件 | 所有运动部件能否运行自如 | | | 1．钳形电流表<br>2．数字式声级计<br>3．吸尘器<br>4．标准测力计<br>5．90°角尺<br>6．塞尺<br>7．卷尺<br>8．磁力线坠<br>9．活扳手<br>10．梅花扳手<br>11．万用表<br>12．试电笔<br>13．十字旋具<br>14．一字旋具<br>15．毛刷<br>16．平口钳<br>17．尖嘴钳<br>18．手电筒<br>19．游标卡尺<br>20．水平尺<br>21．转速表<br>22．温度表 |
| 2 | 电梯限速器能可靠触发 | 限速器触发试验 | | | |
| 3 | 电梯限速器内所有运动部件轴润滑 | 限速器内限速轮轴、抛块轴（机油、润滑脂） | | | |
| 4 | 电梯限速器绳磨损 | 是否出现笼状变形，绳芯挤出、部分压扁、旁折 | | | |
| 5 | 电梯限速器开关复位 | 开关触点导板可靠接通 | | | |
| 6 | 电梯限速器绳卡复位 | 限速器绳卡可靠挂持 | | | |
| 7 | 限速器护罩（外壳）复位 | 护罩（外壳）可靠固定 | | | |
| 8 | 清洁限速器内所有部件，查看铅封受损 | 限速器内所有部件是否清洁、无油腻 | | | |
| 9 | 限速器安全钳联动试验 | 限速器与安全钳联动正常 | | | |
| 10 | 上行超速保护装置动作试验 | 上行超速保护装置动作正常 | | | |

4．限速器部件实用技术要求

按《电梯制造与安装安全规范》（GB 7588—2003）的规定，限速器应满足以下要求：

（1）限速器的动作速度

电梯额定速度不同，所配的限速器也不相同，对于限速器动作速度的要求也不相同，否则将起不到安全保护作用。操作轿厢安全钳的限速器速度应不低于额定速度的 115%（下限值），且应小于下列数值（上限值）：

1）对于除了不可脱落滚柱式以外的瞬时式安全钳装置为 0.8m/s。

2）对于不可脱落滚柱式安全钳装置为 1m/s。

3）对于额定速度小于或等于 1m/s 的渐进式安全钳装置为 1.5m/s。

4）对于额定速度大于 1m/s 的渐进式安全钳装置为$1.25v+\frac{0.25}{v}$（$v$ 为电梯额定速度）。

对于额定速度大于 1m/s 的电梯，建议选用接近上限值的动作速度；对于额定载质量大、额定速度低的电梯，应专门设计限速器，并选用接近下限值的动作速度。

同时规定对重限速器的动作速度应大于轿厢限速器的动作速度，但不应超过 10%（当额定速度不超过 0.75m/s 时，可不设限速器）。

（2）限速器开关

对于额定速度大于 1m/s 的电梯，在轿厢下行的速度达到限速器动作速度之前，限速器或其他装置应借助超速开关（电气开关）使电梯安全回路断开，迫使电梯曳引机停电而停止运转。对于速度不大于 1m/s 的电梯，其超速开关最迟在限速器达到动作速度时起作用；如电梯在可变电压或连续调速的情况下运行，最迟当轿厢速度达到额定速度的 115% 时，超速开关应动作。

（3）限速器夹绳力

限速器动作时的夹绳力应至少为带动安全钳起作用所需力的 2 倍，且不小于 300N。

（4）限速器绳

限速器应由柔性良好的钢丝绳驱动。

限速器绳的破断负荷与限速器动作时所产生的限速器绳的张紧力有关，其安全系数应不小于 8。

限速器绳的公称直径应不小于 6mm。限速器轮的节圆直径与绳的公称直径之比应不小于 30。

## 2.3 电梯轿厢的维护保养

### 2.3.1 轿厢操作设备的维护保养

1．操作前需要准备的工具

进行电梯轿厢维护保养前需要准备下列工具，见表 2-7。

表 2-7 轿厢维护保养准备工具

| 序号 | 工具名称 | 数量 | 序号 | 工具名称 | 数量 |
|---|---|---|---|---|---|
| 1 | 手套 | 1 副 | 9 | 三角钥匙 | 1 把 |
| 2 | 一字旋具 | 1 把 | 10 | 钢直尺 | 1 把 |
| 3 | 十字旋具 | 1 把 | 11 | 90° 角尺 | 1 把 |
| 4 | 塞尺 | 1 套 | 12 | 围栏 | 2 个 |
| 5 | 安全帽 | 1 顶 | 13 | 安全鞋 | 1 双 |
| 6 | 工作服 | 1 套 | 14 | 水平尺 | 1 把 |
| 7 | 测声仪 | 1 个 | 15 | 万用表 | 1 个 |
| 8 | 推拉力计 | 1 个 | | | |

### 2. 轿厢的维护保养操作步骤

轿厢的维护保养操作步骤具体见表 2-8。

表 2-8 轿厢的维护保养操作步骤

| 序号 | 现场操作项目 | 操作步骤 | 技术指标 |
|---|---|---|---|
| 1 | 轿厢维护保养前的准备 | 检查开关，确认维护保养电梯的控制电源 | 1. 检查主电源开关<br>2. 检查控制柜开关、确认待维护保养电梯电源，防止误操作 |
| | | 检查轿厢是否有乘客 | 使用三方对讲系统与电梯轿厢联系，确保轿厢内无人 |
| | | 放置护栏 | 在维护保养层层门处放置护栏，防止维护保养过程中有人误入轿厢 |
| | | 检查轿门、层门地坎 | 检查轿门、层门地坎是否有灰尘、水渍、油污等，以免维护保养人员在维护保养过程中滑倒 |
| | | 轿厢检修开关设置 | 用钥匙打开轿厢检修盒，将轿厢检修开关打到“检修位置” |
| 2 | 应急照明检查 | 应急照明灯工作状态检查 | 在机房内断开轿厢照明开关，检查轿厢应急照明灯是否亮 |
| | | 应急照明灯充电装置检查 | 如果应急照明充电装置在机房，可以直接在机房检查蓄电池的充电电压是否大于负载额定电压，确认蓄电池的工作状态；如果应急照明充电装置在轿顶，则需要学习上轿顶任务后，在轿顶检查 |
| 3 | 警铃、警报电话检查 | 警铃、警报电话动作检查 | 检查警铃是否正常，检查报警电话与机房（或控制中心）是否正常通话 |
| | | 测量铃声音量 | 将测声仪平放在胸前，距层门 1m，距地面 1.5m 处读取铃声音量（不低于 70dB） |

续表

| 序号 | 现场操作项目 | 操作步骤 | 技术指标 |
|---|---|---|---|
| 4 | 轿厢内选功能检查 | 检查楼层按钮 | 检查楼层按钮是否正常 |
| | | 检查开关门按钮 | 检查开关门按钮是否正常 |
| | | 检查楼层显示 | 检查楼层显示是否正常 |
| 5 | 平层精度检查 | 检查轿门、层门是否水平 | 将水平尺放到轿门和层门之间，注意水平尺需与轿门（层门）地坎面垂直，注意观察水平泡是否处于中间 |
| | | 平层精度检查 | 1．将90°角尺靠在水平尺上，注意保证与水平尺垂直<br>2．读取90°角尺的数据，观察其是否满足平层精度±15mm的要求 |
| | | 使限速器外壳复位 | 将限速器外壳固定螺钉复位 |
| 6 | 轿门安全保护装置检查 | 安全触板动作检查 | 用手检查安全触板，其触板动作能否正常开门 |
| | | 机械式安全触板伸出轿门距离测量 | 用90°角尺和旋具检查安全触板按下不超过8mm，触发门机反向运转重新开门 |
| | | 光幕检查 | 对于安装光幕的电梯，关门过程中用手遮挡光幕，检查门能否开启 |
| | | 安全触板机械机构检查 | 观察安全触板的限位螺母和行程开关是否正常 |
| 7 | 关门力测量 | 测量关门力是否符合要求 | 用推拉力计测量关门力是否不大于150N |

3．轿厢保养信息表

在完成轿厢维护保养的工作任务过程中，填写表2-9，作为电梯维护保养记录。

4．轿厢部件实用技术要求

（1）轿壁强度

用300N的力，均匀分布在5cm$^2$的圆形或方形面积上，沿轿厢内向轿厢外方向垂直作用于轿壁的任何位置，轿壁应无永久变形且弹性变形不大于15mm。

（2）轿门

轿门关闭后，门扇之间及门扇与立柱、门楣和地坎之间的间隙应尽可能小。对于乘客电梯，此间隙不得大于6mm；对于载货电梯，此间隙不得大于8mm。由于磨损，间隙值允许达到10mm，如果有凹进部分，上述间隙应从凹进部分底部进行测量。动力驱动门应尽量减少门扇撞击人的不良后果，阻止关门力不应大于150N，这个力的测量不得在关门行程开始的1/3之内进行。

表 2-9　轿厢维护保养信息表

| 序号 | 工作任务：轿厢的保养 | 维护保养操作记录检查（√） | 处理结论：正常（√）；不良（×）；已办（○）；待办（注明） | | 维修及保养工具 |
|---|---|---|---|---|---|
| | 内容 | 检查、测量情况 | 检查结果 | 处理情况 | 取用情况 |
| 1 | 检查应急照明 | 断开（主电路、轿厢照明）开关，应急照明时间不小于 0.5h（　）、1.0h（　）、2.0h（　） | | | 1. 钳形电流表<br>2. 数字式声级计<br>3. 吸尘器<br>4. 标准测力计<br>5. 90° 角尺<br>6. 塞尺<br>7. 卷尺<br>8. 磁力线坠<br>9. 活扳手<br>10. 梅花扳手<br>11. 万用表<br>12. 试电笔<br>13. 十字旋具<br>14. 一字旋具<br>15. 毛刷<br>16. 平口钳<br>17. 尖嘴钳<br>18. 手电筒<br>19. 游标卡尺<br>20. 水平尺<br>21. 转速表<br>22. 温度表 |
| 2 | 检查应急照明充电装置的工作状态 | 蓄电池端电压小于（　）、等于（　）、大于（　）负载额定电压 | | | |
| 3 | 检查报警电话功能 | 轿厢与机房、值班室、轿顶、地块对讲 | | | |
| 4 | 检查警铃的功能和测铃声音量（dB） | 机房（标准值：合格≤ 80（含货梯）；液压梯≤ 85（是　否）<br>轿厢内（不含风机噪声）：≤ 55（是　否）<br>层站：≤ 65（是　否） | | | |
| 5 | 检查内选功能 | 各层按钮显示、无深陷、松动 | | | |
| 6 | 检查平层精度 | 偏差（mm）：1（　）、2（　）、3（　）、4（　）、5（　）、6（　） | | | |
| 7 | 检查安全触板、光电开关、光幕 | 关门保护有、无 | | | |
| 8 | 测量关门力限制值 | 关门力限制值测量 | | | |

（3）安全窗

除杂物梯和门外操作的货梯外，轿顶一般开有安全窗，供救援和撤离乘客使用，并设有电气开关，当安全窗被打开时，电梯控制线路便被切断。轿厢安全窗应能不用钥匙从轿厢外开启，不应向轿内开启。

（4）安全门

当两台或两台以上的电梯安装在同一井道时，在两轿厢相对的一面有时也开有供紧急出入的安全门。轿厢安全门应能不用钥匙从轿厢外开启，不应向轿厢外开启，并装有

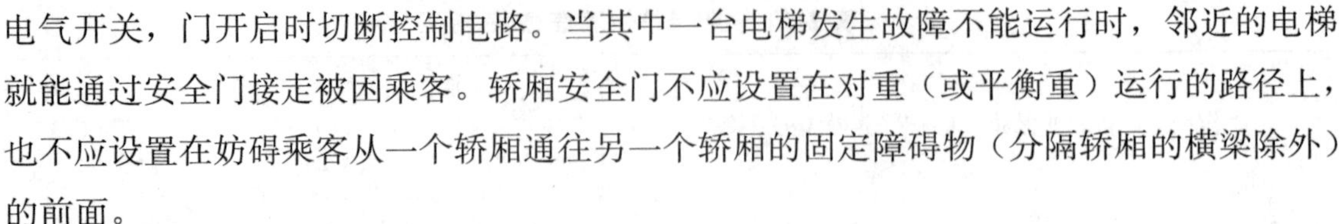

电气开关，门开启时切断控制电路。当其中一台电梯发生故障不能运行时，邻近的电梯就能通过安全门接走被困乘客。轿厢安全门不应设置在对重（或平衡重）运行的路径上，也不应设置在妨碍乘客从一个轿厢通往另一个轿厢的固定障碍物（分隔轿厢的横梁除外）的前面。

（5）轿厢地坎

每一轿厢地坎上均须装设护脚板，其宽度应等于相应层站入口的整个净宽度。护脚板的垂直部分以下应成斜面向下延伸，斜面与水平面的夹角应大于 60°，且该斜面在水平面上的投影深度不得小于 20mm。护脚板垂直部分的高度不应小于 0.75m。

（6）轿厢载质量的控制

轿厢载荷超过额定载荷 10% 且最少为 75kg 时，轿内应有音响或发光信号通知使用人员，动力门保持在开门状态，手动门保持在未锁状态。当质量调整到额定值以下时，控制电路就会自动被重新接通，电梯得以运行。对于集选控制电梯，当负载接近额定载质量的 80% 时，通过微动开关接通直驶电路，使运行中的电梯不应答层站的召唤信号。超载装置根据其结构形式，可以设置在轿厢底、轿顶和机房内。

### 2.3.2 轿顶设备的维护保养

1. 操作前需要准备的工具

进行电梯轿顶保养前需要准备下列工具，见表 2-10。

表 2-10 轿顶维护保养准备工具

| 序号 | 工具名称 | 数量 | 序号 | 工具名称 | 数量 |
|---|---|---|---|---|---|
| 1 | 手套 | 1 副 | 7 | 三角钥匙 | 1 把 |
| 2 | 一字旋具 | 1 把 | 8 | 围栏 | 2 个 |
| 3 | 十字旋具 | 1 把 | 9 | 安全鞋 | 1 双 |
| 4 | 塞尺 | 1 套 | 10 | 水平尺 | 1 把 |
| 5 | 安全帽 | 1 顶 | 11 | 万用表 | 1 个 |
| 6 | 工作服 | 1 套 | | | |

2. 轿顶的维护保养操作步骤

轿顶的维护保养操作步骤具体见表 2-11。

表 2-11　轿顶的维护保养操作步骤

<table>
<tr><th>序号</th><th>现场操作项目</th><th>操作步骤</th><th>技术指标</th></tr>
<tr><td rowspan="4">1</td><td rowspan="4">轿厢风机、照明检查</td><td>轿厢照明灯检查</td><td>检查轿厢照明灯是否正常</td></tr>
<tr><td>轿厢风机检查</td><td>检查轿厢风机是否正常</td></tr>
<tr><td>轿厢照明开关检查</td><td>检查轿厢照明开关是否正常</td></tr>
<tr><td>轿厢风机开关检查</td><td>检查轿厢风机开关是否正常</td></tr>
<tr><td rowspan="5">2</td><td rowspan="5">上轿顶操作</td><td>正确停靠轿厢</td><td>使用电梯内选按钮将电梯呼至所在层的下一层，估计电梯轿顶到达适合上轿顶位置时，打开层门</td></tr>
<tr><td>打开层门</td><td>1．把专用三角钥匙放入层门门孔内，准备打开轿门<br>2．打开层门小于肩宽的缝隙，查看轿厢是否在合适位置</td></tr>
<tr><td>验证急停开关</td><td>1．上轿顶前，按下轿顶急停开关，切断电梯控制电源<br>2．打开轿顶照明灯<br>3．将层门关闭，按外呼按钮，电梯应停止运行以验证急停开关有效</td></tr>
<tr><td>验证检修开关</td><td>将检修开关调到“检查”位置，恢复急停开关；然后将层门关闭，按外呼按钮，电梯应停止运行以验证检修开关有效</td></tr>
<tr><td>上轿顶</td><td>1．层门打开，用层门阻止器卡住轿门，以避免层门意外关闭，电梯应停止运行，以验证门锁开关有效<br>2．上轿顶前，按下轿顶急停开关，然后上轿顶<br>3．将检修开关调到“检查”位置，切断轿厢内部及层门控制电源，然后恢复急停开关，此时控制方式为“轿顶优先”，检查护栏稳固性<br>4．关闭层门，开始轿顶设备保养作业</td></tr>
<tr><td rowspan="3">3</td><td rowspan="3">轿顶照明灯和风机检查</td><td>检查照明灯</td><td>检查照明灯线路是否扎好，线路接口是否有松动</td></tr>
<tr><td>检查风机</td><td>检查风机线路是否扎好，线路接口是否有松动，清除风机积灰</td></tr>
<tr><td>查看运行标志</td><td>查看运行标志，以免错误操作</td></tr>
<tr><td rowspan="2">4</td><td rowspan="2">检修运行控制功能检查</td><td>检修上行</td><td>同时按下“上行”和“运行”两个按钮，观察电梯是否以检修速度上行</td></tr>
<tr><td>检修下行</td><td>同时按下“下行”和“运行”两个按钮，观察电梯是否以检修速度下行</td></tr>
<tr><td rowspan="3">5</td><td rowspan="3">检测门机电压、电流；门机速度调整</td><td>检测门机电压、电流</td><td>检测门机电压是否为直流 110V，电流是否符合铭牌标示值</td></tr>
<tr><td>检测开关门速度，必要时加以调整</td><td>检查门机开门速度（轿门在开到中段时应减慢速度），必要时加以调整</td></tr>
<tr><td>检测开关门速度，必要时加以调整</td><td>检查门机关门速度（轿门在开到中段时应减慢速度），必要时加以调整</td></tr>
<tr><td rowspan="3">6</td><td rowspan="3">下轿顶操作</td><td>停靠轿厢</td><td>开动电梯到某个楼层，将轿厢停靠到可以接触到门锁的高度</td></tr>
<tr><td>设置检修开关</td><td>离开轿顶前，检修开关必须处于“检查”状态</td></tr>
<tr><td>下轿顶</td><td>同一楼层进出，按下急停开关，打开厅门，操作者离开轿顶；不在同一楼层进出，在轿顶上打开厅门，按下“上行”或“下行”和“运行”按钮，验证厅门安全回路有效后，按下急停开关，操作者离开轿顶</td></tr>
</table>

续表

| 序号 | 现场操作项目 | 操作步骤 | 技术指标 |
|---|---|---|---|
| 6 | 下轿顶操作 | 关闭照明开关、恢复检修开关 | 在厅门外关闭照明开关，将检修开关拨回“正常”位置 |
| | | 恢复急停开关 | 在厅门外恢复急停开关，关闭厅门，确认电梯恢复正常 |
| | | 试乘电梯 | 到轿厢内试乘电梯，检查电梯运行状态及舒适度等是否良好 |

3．轿顶维护保养信息表

在完成轿顶保养的工作任务过程中，填写表2-12，作为电梯保养记录。

**表2-12　轿顶维护保养信息表**

| 序号 | 工作任务：轿顶的维护保养 | 维护保养操作记录检查（√） | 处理结论：<br>正常（√）；不良（×）；<br>已办（○）；待办（注明） | | 维修及保养工具 |
|---|---|---|---|---|---|
| | 内容 | 检查、测量情况 | 检查结果 | 处理情况 | 取用情况 |
| 1 | 检查轿厢照明、风机功能 | 正常<br>非正常 | | | 1．钳形电流表<br>2．数字式声级计<br>3．吸尘器<br>4．标准测力计<br>5．90° 角尺<br>6．塞尺<br>7．卷尺<br>8．磁力线坠<br>9．活扳手<br>10．梅花扳手<br>11．万用表<br>12．试电笔<br>13．十字旋具<br>14．一字旋具<br>15．毛刷<br>16．平口钳<br>17．尖嘴钳<br>18．手电筒<br>19．游标卡尺<br>20．水平尺<br>21．转速表<br>22．温度表 |
| 2 | 更换照明、风机已损坏的元件 | 更换元件（灯泡、灯管、电容） | | | |
| 3 | 检查和调整照明、风机的自动控制功能 | 正常<br>非正常 | | | |
| 4 | 进入轿顶，检查轿厢运行情况 | 上轿顶操作顺序：<br>□转检修开关<br>□按急停开关<br>□断主电源<br>□确认轿厢位置<br>□开层门 | | | |
| 5 | 操作检修运行 | 切断门机电源（　）<br>释放应急开关（　）<br>操纵检修运行（　）<br>按急停开关（　）<br>护栏稳定性（　） | | | |
| 6 | 检查门机电压、电流 | 电压（V）：L1（　）、L2（　）、L3（　）<br>电流（A）：L1（　）、L2（　）、L3（　） | | | |
| 7 | 调整门机速度 | 门机驱动方式：<br>AC-VV（　）<br>VVVF（　）<br>DC（　）<br>门机调整后速度（　） | | | |
| 8 | 退出轿顶 | 离开轿顶（前、后）<br>释放急停开关 | | | |

4．轿顶部件实用技术要求

（1）轿顶指示标识和承载要求

在轿顶上应给出下列指示：

1）停止装置上或其近旁应标出“停止”字样，设置在不会出现误操作危险的地方。

2）检修运行开关上或其近旁应标出“正常”及“检修”字样。

3）检修按钮上或其近旁应标出运行方向。

4）栏杆上应有警示符号或须知。

此外，在轿顶的任何位置上，应能支撑两个人的体重，每个人按 0.20m×0.20m 面积上作用 1000N 的力，应无永久变形。轿顶应有一块不小于 $0.12m^2$ 的站人用的净面积，其短边不应小于 0.25m。离轿顶外侧边缘有水平方向超过 0.30m 的自由距离时，轿顶应装设护栏。自由距离应测量至井道壁，井道壁上有宽度或高度小于 0.30m 的凹坑时，允许在凹坑处有稍大一点的距离。

（2）护栏技术要求

1）护栏应由扶手、0.10m 高的护脚板和位于护栏高度 1/2 处的中间栏杆组成。

2）考虑到护栏扶手外缘水平的自由距离，扶手高度如下：当自由距离不大于 0.85m 时，扶手高度不应小于 0.70m；当自由距离大于 0.85m 时，扶手高度不应小于 1.10m。

3）扶手外缘到井道中的任何部件［对重（或平衡重）、开关、导轨、支架等］之间的水平距离不应小于 0.10m。

4）护栏的入口应使人员安全和容易地通过，以进入轿顶。

5）护栏应装设在距轿顶边缘最大为 0.15m 之内。

在有护栏时，应有关于俯伏或斜靠护栏危险的警示符号或须知，固定在护栏的适当位置。轿顶所用的玻璃应是夹层玻璃。

## 2.4　电梯井道设备的维护保养

### 2.4.1　井道相关设备的维护保养

1．操作前需要准备的工具

进行电梯井道相关设备保养前需要准备下列工具，见表 2-13。

表 2-13　电梯井道相关设备维护保养准备工具

| 序号 | 工具名称 | 数量 | 序号 | 工具名称 | 数量 |
|---|---|---|---|---|---|
| 1 | 手套 | 1 副 | 9 | 三角钥匙 | 1 把 |
| 2 | 一字旋具 | 1 把 | 10 | 钢直尺 | 1 把 |
| 3 | 十字旋具 | 1 把 | 11 | 90° 角尺 | 1 把 |
| 4 | 塞尺 | 1 套 | 12 | 温度表 | 1 个 |
| 5 | 转速表 | 1 块 | 13 | 磁性线坠 | 1 个 |
| 6 | 安全帽 | 1 顶 | 14 | 安全鞋 | 1 双 |
| 7 | 工作服 | 1 套 | 15 | 口罩 | 1 个 |
| 8 | 围栏 | 2 个 | 16 | 吸尘器 | 1 台 |

2．电梯井道的维护保养操作步骤

电梯井道相关设备的维护保养操作步骤具体见表 2-14。

表 2-14　电梯井道相关设备的维护保养操作步骤

| 序号 | 现场操作项目 | 操作步骤 | 技术指标 |
|---|---|---|---|
| 1 | 保养前的准备 | 设置防护栏 | 首层层门外摆放厅外护栏，轿厢内放置轿内护栏 |
| | | 打开井道照明开关 | 确保井道照明开关已打开，并确认维护保养结束前始终保持照明 |
| 2 | 安全进入轿顶并清洁轿顶站 | 进入轿顶 | 1．确认层门外工作环境<br>2．呼梯<br>3．打开层门<br>4．进入轿顶<br>5．按下并验证轿顶急停开关<br>6．转换操作并验证检修开关<br>7．清洁轿顶站 |
| 3 | 曳引钢丝绳的保养 | 检查绳头组合 | 检查各个地方绳头组合螺母应该拧紧，U 形卡无移位 |
| | | 检查反绳轮机 | 所有钢丝绳必须在绳槽同一水平面上平稳运行，只有钢丝绳接触发出的声音；轴承无异响，固定正常无窜动，无高温燃烧后的变色迹象；人工晃动挡绳装置确保牢固。若钢丝绳有异常，检查并更换 |
| | | 检查曳引钢丝绳 | 检查曳引钢丝绳的状态：检修运行，对钢丝绳磨损和断裂情况逐点检查，每根钢丝绳的张力与平均值偏差不大于 5%，应保持均匀。当钢丝绳直径相对于公称直径减小 7% 或更多时，即使未发现断丝，该钢丝绳也应报废 |

续表

| 序号 | 现场操作项目 | 操作步骤 | 技术指标 |
| --- | --- | --- | --- |
| 4 | 限速器钢丝绳的保养 | 检查限速器钢丝绳的固定 | 检查限速器的钢丝绳是否固定在轿顶上 |
| | | 检查限速器钢丝绳的磨损 | 限速器钢丝绳的磨损和断裂情况逐点检查，不超过国标范围。当钢丝绳直径相对于公称直径减少 7% 或更多时，即使未发现断丝，该钢丝绳也应报废 |
| 5 | 导轨的保养 | 检查导轨的润滑 | 导轨必须保持有润滑油 |
| 6 | 轿厢导靴的保养 | 检查导靴的润滑 | 确保滑动导靴油杯在进行下次维护保养前有足够的润滑油。不要对滚动导靴表面进行润滑 |
| | | 检查导靴的磨损 | 检查滑动导靴在导轨上滑动所产生的摩擦对其衬垫的磨损情况，如磨损过甚，间隙应不大于 1mm。轿厢在运行时产生晃动现象的，应及时调换 |
| | | 检查导靴的间隙 | 滑动导靴为导轨顶面与两导靴内表面间隙之和为 2 ～ 4mm；滚动导靴为导轨表面与导靴内表面无间隙，弹簧伸缩范围为 2 ～ 2.5mm |
| | | 检查导靴的对中 | 检查滚动导靴是否偏离导轨。当滚轮脱圈、剥落、轴承损坏时应及时更换，检查导轨工作面须干净无油 |
| 7 | 通话检查 | 通话检查 | 检查五方通话功能 |
| 8 | 退出轿顶、结束保养 | 安全退出轿顶 | 1．检查门锁开关<br>2．确认急停开关、检修开关<br>3．安全退出轿顶 |
| | | 结束保养 | 1．试乘电梯<br>2．结束保养 |

### 3．电梯井道相关设备维护保养信息表

在完成电梯井道相关设备维护保养的工作任务过程中，填写表 2-15，作为电梯维护保养记录。

### 4．导轨及井道部件实用技术要求

（1）电梯的曳引钢丝绳

关于曳钢丝引绳的根数在《电梯制造与安装安全规范》（GB 7588—2003）中规定：钢丝绳最少应有两根，每根钢丝绳应是独立的。对于用三根或三根以上钢丝绳的曳引驱动电梯，其静载安全系数不小于 12；对于用两根钢丝绳的曳引驱动电梯，其静载安全系数不小于 16。无论钢丝绳根数多少，钢丝绳的公称直径不小于 8mm。［附：安全系数是指装有额定载荷的轿厢停靠在最低层站时，一根钢丝绳的最小破断负荷（N）与这根钢丝绳所受的最大力（N）之间的比值。］

表 2-15 电梯井道相关设备保养信息表

| 序号 | 工作任务：电梯井道相关设备的保养 | 维护保养操作记录检查（√） | 处理结论：正常（√）；不良（×）；已办（○）；待办（注明） | | 维修及保养工具 |
|---|---|---|---|---|---|
| | 内容 | 检查、测量情况 | 检查结果 | 处理情况 | 取用情况 |
| 1 | 清洁轿顶站 | 吸尘器使用 | | | 1. 钳形电流表<br>2. 数字式声级计<br>3. 吸尘器<br>4. 标准测力计<br>5. 90° 角尺<br>6. 塞尺<br>7. 卷尺<br>8. 磁力线坠<br>9. 活扳手<br>10. 梅花扳手<br>11. 万用表<br>12. 试电笔<br>13. 十字旋具<br>14. 一字旋具<br>15. 毛刷<br>16. 平口钳<br>17. 尖嘴钳<br>18. 手电筒<br>19. 游标卡尺<br>20. 水平尺<br>21. 转速表<br>22. 温度表 |
| 2 | 进、出轿顶的安全操作；检查急停、检修、慢车开关的功能 | 安全操作顺序 | | | |
| 3 | 检查井道照明 | 照明灯是否齐全，照明正常 | | | |
| 4 | 检测曳引钢丝绳的磨损情况 | 公称直径测量（ ）mm<br>磨损量（ ）mm | | | |
| 5 | 检测曳引钢丝绳张力是否达标 | 钢丝绳张紧力（N）<br>1（ ）、2（ ）、3（ ）、4（ ）、5（ ）、6（ ）<br>允许（%） | | | |
| 6 | 检查绳头组合磨损、断裂、松动和定位销、开口销安全性 | 存在问题（ ）<br>不存在问题（ ） | | | |
| 7 | 检查导靴间隙；会检测靴衬磨损情况；会调整和更换靴衬 | 滑动导靴（ ）<br>滚动导靴（ ）<br>间隙在（ ）mm | | | |
| 8 | 清洁导轨工作面；检查磨损、润滑情况并调节欠润或过润 | 工作面有无磨损（ ）<br>是否欠润（ ）<br>是否过润（ ） | | | |
| 9 | 检查反绳轮绳槽磨损情况 | 摩损量（mm）：1（ ）、2（ ）、3（ ）、4（ ）、5（ ）、6（ ） | | | |
| 10 | 检查上下极限开关 | 正常（ ）、不正常（ ） | | | |
| 11 | 检查通话功能（能具备五方通话功能的电梯） | 正常（ ）、不正常（ ） | | | |

（2）限速器钢丝绳（又称保险绳）

在电梯正常运行时，限速器钢丝绳把轿厢的垂直运动传给限速器，使限速器转动，当轿厢超速时，限速器钢丝绳被卡住，提起轿厢安全钳迫使电梯紧急制停。因此，限速器钢丝绳要能承受住电梯紧急制停时的冲击力，其规格是根据电梯运行速度确定的。限速器钢丝绳的公称直径应不小于 6mm，且限速器绳轮的节圆直径与限速器钢丝绳的公称直径之比应不小于 30。

（3）补偿绳

补偿绳的节圆直径与补偿绳的公称直径之比不小于 30；用电气安全装置来检查补偿绳的最小张紧位置，若电梯额定速度大于 3.5m/s，还应增设一个防跳装置，防跳装置动作时，电气安全装置应使电梯驱动主机停止运转。

（4）绳头组合

钢丝绳必须与绳头进行组合，才能与其他机件相连接。绳头组合得好坏直接影响到组合后钢丝绳的实际强度，绳头组合的拉伸强度应不低于钢丝绳的拉伸强度的 80%。

钢丝绳常用的绳头组合方法有绳卡法、插接法、金属套筒法、锥形套筒法和自锁紧楔形绳套法等几种。

### 2.4.2 门区设备的维护保养

1. 操作前需要准备的工具

进行电梯门区设备维护保养前需要准备下列工具，见表 2-16。

**表 2-16 门区设备维护保养准备工具**

| 序号 | 工具名称 | 数量 | 序号 | 工具名称 | 数量 |
| --- | --- | --- | --- | --- | --- |
| 1 | 手套 | 1 副 | 9 | 三角钥匙 | 1 把 |
| 2 | 一字旋具 | 1 把 | 10 | 钢直尺 | 1 把 |
| 3 | 十字旋具 | 1 把 | 11 | 90° 角尺 | 1 把 |
| 4 | 塞尺 | 1 套 | 12 | 手电筒 | 1 个 |
| 5 | 扳手（13 号、14 号） | 各 1 个 | 13 | 磁性线坠 | 1 个 |
| 6 | 安全帽 | 1 顶 | 14 | 安全鞋 | 1 双 |
| 7 | 工作服 | 1 套 | 15 | 口罩 | 1 个 |
| 8 | 围栏 | 2 个 | 16 | 测力计 | 1 个 |

2. 电梯门区设备维护保养操作步骤

门区设备维护保养操作步骤具体见表 2-17。

表 2-17 门区设备维护保养操作步骤

| 序号 | 现场操作项目 | 操作步骤 | 技术指标 |
|---|---|---|---|
| 1 | 门区设备维护保养前的准备 | 保养前准备 | 1. 设置防护栏<br>2. 打开井道照明开关 |
| 2 | 安全进入轿顶并清洁轿顶站 | 进入轿顶 | 1. 确认层门外工作环境<br>2. 呼梯<br>3. 打开层门<br>4. 进入轿顶<br>5. 按下并验证轿顶急停<br>6. 转换操作并验证检修开关<br>7. 清洁轿顶站 |
| 3 | 检查层门钩子锁 | 检查钩子锁可靠性 | 1. 检查钩子锁电气触点的接触是否良好，电气触点清洁等，锁紧元件的最小啮合深度为 7mm<br>2. 如果检查到钩子锁的缝隙有差异，可用内六角扳手调整<br>3. 在慢速行驶中，扒层门，确认电梯门锁可靠，触点不会断开，检查门锁可靠性及灵敏度 |
|  |  | 清洁、调整主副触点 | 1. 注意门锁电气触点接触是否良好，是否能正常工作<br>2. 清洁门锁各触点，保持触点灵敏可靠 |
| 4 | 检查层门开启和关闭状态 | 检查层门开启和关闭状态 | 检查层门开启是否顺畅，并检查门扇与门套之间距离为 1 ～ 6mm。门关闭状态时保证不出现 A 字门和 V 字门，并检查门扇和门扇之间距离为 1mm |
| 5 | 调整层门自闭力、随动量、偏心轮 | 检查层门自动关门 | 层门在全行程范围内可以自动关闭 |
|  |  | 调整电气副锁触点 | 调整电气副锁触点的行程量为（3±1）mm |
|  |  | 检查偏心轮 | 应检查偏心轮滚动是否灵活，是否牢固。检查偏心轮与门导轨之间间隙为 0.1 ～ 0.3mm |
|  |  | 检查门滑轮 | 1. 滑轮是否能滑动，有无锈死，有无卡住<br>2. 注意门滑块的磨损，如果磨损严重，应更换门滑块 |
| 6 | 检查、清洁层门 | 清洁上门坎 | 对上门坎进行清洁吸尘，将上门坎顶部的碎屑清除。对门挂板、门导轨顶部和底部进行清洁和吸尘 |
|  |  | 清洁门导轨 | 清扫门导轨上的灰尘 |
|  |  | 清洁层门地坎 | 对层门地坎进行清洁，清除碎屑或阻塞物，保证层门运行通畅 |
| 7 | 调整各开关与撞弓的相对位置 | 调整各开关与撞弓的相对位置 | 调整端站保护开关与撞弓的相对位置应为（58±1）mm |

### 3. 门区设备维护保养信息表

在完成门区设备维护保养的工作任务过程中，填写表 2-18，作为电梯维护保养记录。

**表 2-18　门区设备维护保养信息表**

<table>
<tr><td rowspan="2">序号</td><td>工作任务：门区设备的维护保养</td><td>维护保养操作记录检查（√）</td><td colspan="2">处理结论：<br>正常（√）、不良（×）、已办（○）、待办（注明）</td><td>维修及保养工具</td></tr>
<tr><td>内容</td><td>检查、测量情况</td><td>检查结果</td><td>处理情况</td><td>取用情况</td></tr>
<tr><td>1</td><td>检查层门锁紧元件啮合长度可靠性和安全性</td><td>锁钩嵌入深度：<br>5mm、7mm、9mm</td><td></td><td></td><td rowspan="6">1. 钳形电流表<br>2. 数字式声级计<br>3. 吸尘器<br>4. 标准测力计<br>5. 90° 角尺<br>6. 塞尺<br>7. 卷尺<br>8. 磁力线坠<br>9. 活扳手<br>10. 梅花扳手<br>11. 万用表<br>12. 试电笔<br>13. 十字旋具<br>14. 一字旋具<br>15. 毛刷<br>16. 平口钳<br>17. 尖嘴钳<br>18. 手电筒<br>19. 游标卡尺<br>20. 水平尺<br>21. 转速表<br>22. 温度表</td></tr>
<tr><td>2</td><td>清洁和调整层门主、副触点</td><td>主、副触点宜：<br>偏左（ ）、偏右（ ）、居中（ ）<br>主、副触点随动量：<br>±0mm（ ）、1.5mm（ ）、2.5mm（ ）</td><td></td><td></td></tr>
<tr><td>3</td><td>检查层门开启、关闭状态</td><td>良好、一般</td><td></td><td></td></tr>
<tr><td>4</td><td>调整自闭力</td><td>开启、关闭有 / 无阻滞</td><td></td><td></td></tr>
<tr><td>5</td><td>检查各开关操作位置和功能</td><td>安全钳、减速、限位、极限功能试验</td><td></td><td></td></tr>
<tr><td>6</td><td>清洁和润滑各开关活动部件</td><td>安全钳、减速、限位、极限功能试验</td><td></td><td></td></tr>
</table>

### 4．门区设备实用技术要求

（1）门扇

电梯的门扇有封闭式、空格式及非全高式之分。

封闭式门扇一般用 1～1.5mm 厚的钢板制造，中间辅以加强筋。有时为了加强门扇的隔音效果和提高减振作用，在门扇的背面涂设一层阻尼材料，如油灰等。

空格式门扇一般指交栅式门，具有通气透气的特点，但为了安全，空格不能过大，我国规定栅间距离不得大于 100mm。这种门扇出于安全性能考虑，只能用于货梯。

非全高式门扇，其高度低于门口高，常见于汽车梯和货物不会有倒塌危险的专门用途货梯。

（2）门滚轮与门导轨

层门和轿门的顶部装有滚轮，门扇通过滚轮挂在门导轨架上。轿门的导轨架装在轿厢上，层门的导轨架装在层门门框内侧。

如果滚轮轴过于松动、发出异常的响声、动作不灵活，门滚轮表面磨损、剥落、损坏则需要更换门挂板。如果门导轨磨损超过 0.3mm，则需要更换门导轨。

（3）门滑块与地坎

在层门、轿门的下部都装有尼龙导向滑块，滑块嵌入地坎槽中，开关门时，滑块沿着槽滑动，配合门滚轮，起导向作用。

电梯工作时要保持门滑块、地坎槽的表面及滑槽的清洁，否则门将不能顺畅、正常地开关。

（4）钢丝绳联动机构

采用钢丝绳联动机构时，主动门与钢丝绳连接，钢丝绳的两头均固定在导轨支架上，当主动门移动时，通过动滑轮带动从动门。采用这种结构时，门锁的电气联动只能保证一扇门的关闭，当钢丝绳打滑或断裂时，电梯在另一扇门未关闭的情况下，仍能启动运行，这是非常不安全的，容易发生剪切的安全事故。因此，应设置门关闭确认开关，使电梯只有在门锁和关门到位开关确认完全闭合时，才能启动。

（5）门锁

门锁是电梯自动门的机械电气联锁装置，安装在层门上，它有如下两方面的功能：

1）锁住层门，使在厅外的维修人员只能用锁匙才能打开。

2）锁合时接通电梯控制回路，打开时断开电梯控制回路。

电梯层门上的门联锁是电梯中最重要的安全部件之一，通常这种门锁也叫钩子锁。以 GS 型门锁来说明门锁的动作原理，这是一种带有电气触点的机械门锁，每一个楼层的层门上都应安装这种锁。门锁的锁壳和电气触点安装在门头架上，它的锁钩装在层门上。电梯安装规范要求所有层门门锁的电气触点都必须串联在控制电路内（所有层门电气联锁也必须串联在这个回路中）。只有在所有层楼的层门都关好，且其门上的联锁锁钩与门架上的锁壳钩子钩上以后，钩子的啮合深度达 7mm 以上时，门联锁电气触点才能接通。

所有楼层层门的门锁电气触点都接通以后，电梯门回路接通，电梯才能启动运行。任何一层层门未关好，或关上后锁钩啮合不符合深度要求，致使电气触头未接通时，电梯都将不能运行。

层门在门锁的作用下平时是紧闭着的，只有当轿厢到达某一层站并达到平层位置时，这一层的层门才能被轿门上的开门刀拨开，否则，在电梯层门外面无法将门打开。对于某些电梯，为了维修方便，生产厂家给每层层门上都安装了三角钥匙锁，由电梯专业检修人员在某层的层门外面用特制的三角钥匙可将层门打开。

（6）强迫关门装置

重锤式强迫关门装置是通过安装在层门框一侧的一个重锤带动主动门，主动门再带动从动门，从而强迫关门的一种装置。

强迫关门装置安装好后，要确认下述事项：

1）用手上下扯动重锤时，重锤应在导向杆内轻轻滑动。

2）钢丝绳上挡铁和滑轮的间隙应在 0.5 ～ 1mm 内。

（7）门挂板

门挂板是将层门悬挂于层门之上的构件。偏心轮与门导轨的间隙为 0.1 ～ 0.3mm，如果不符合要求，需调整门挂板上的偏心轮以达到要求。

# 2.5　电梯底坑维护保养

## 2.5.1　缓冲器和限速器张紧轮装置的维护保养

1．操作前需要准备的工具

进行电梯缓冲器和限速器张紧轮装置维护保养前需要准备下列工具，见表 2-19。

表 2-19　电梯缓冲器和限速器张紧轮装置维护保养准备工具

| 序号 | 工具名称 | 数量 | 序号 | 工具名称 | 数量 |
|---|---|---|---|---|---|
| 1 | 手套 | 1 副 | 9 | 三角钥匙 | 1 把 |
| 2 | 一字旋具 | 1 把 | 10 | 钢直尺 | 1 把 |
| 3 | 十字旋具 | 1 把 | 11 | 90° 角尺 | 1 把 |
| 4 | 塞尺 | 1 套 | 12 | 手电筒 | 1 个 |
| 5 | 扳手（13 号、14 号） | 各 1 个 | 13 | 磁性线坠 | 1 个 |
| 6 | 安全帽 | 1 顶 | 14 | 安全鞋 | 1 双 |
| 7 | 工作服 | 1 套 | 15 | 口罩 | 1 个 |
| 8 | 围栏 | 2 个 | 16 | 测力计 | 1 个 |

## 2. 电梯缓冲器和限速器张紧轮装置的维护保养操作步骤

电梯缓冲器和限速器张紧轮装置的维护保养操作步骤具体见表 2-20。

**表 2-20 电梯缓冲器和限速器张紧轮装置的维护保养操作步骤**

| 序号 | 现场操作项目 | 操作步骤 | 技术指标 |
|---|---|---|---|
| 1 | 底坑设备保养前的准备 | 保养前准备 | 设置防护栏 |
| 2 | 安全进入底坑 | 呼梯 | 通过呼梯按钮将电梯召唤到底层端站。将层站门与轿门打开并确保电梯轿厢中没有乘客 |
| | | 打开厅门 | 按下轿厢按钮，将电梯送至上一层楼，到达适合的点位后（货梯 5 ～ 6s，乘客 1 ～ 2s），使用厅门三角钥匙打开厅门 |
| | | 检查门回路 | 使用厅门顶门器将厅门锁定在稍微开启位置，给出厅站呼梯信号，轿厢应不能动（验证门锁回路是否正常） |
| | | 打开底坑照明 | 打开底坑照明，有足够的亮度，插座有效 |
| | | 下底坑 | 将厅门关闭最小的开启位置，利用爬梯下到底坑，开始进行底坑工作<br>注：底坑保养过程中不要将门完全打开，除非确实需要。使用门阻止器顶住厅门，避免有人意外从开着的门掉落底坑 |
| 3 | 清洁底坑 | 清洁底坑 | 检查并清扫底坑，清洁底坑部件，清除底坑多余物品，并保持底坑清洁，无渗水和积水 |
| | | 清理油盒 | 回收底坑油盒废油 |
| 4 | 轿厢、对重越程测量 | 检查轿厢、对重撞头与缓冲器的距离 | 检查轿厢、对重撞头与缓冲器距离 |
| 5 | 缓冲器的保养 | 检查和复位缓冲器开关 | 检查缓冲器的完好性。如果是液压缓冲器，检查油位是否正确，并且没有明显漏油现象 |
| 6 | 限速张紧轮的保养 | 检查限速器断绳开关 | 检查限速器张紧轮装置与电气安全装置安装牢固<br>检查限速器断绳开关是否有效，低速运行时若该开关动作，电梯应停止运行 |
| | | 检查起重与底坑地面的距离 | 检查配重与底坑地面之间的距离：低速电梯为（400±50）mm，快速电梯为（550±50）mm，高速电梯为（750±50）mm。在开关动作之前，保证钢丝绳有足够的拉伸距离。挡绳杆与钢丝绳的距离应小于绳径的 1/2 |
| 7 | 退出底坑结束保养 | 安全退出底坑 | 爬出底坑，关闭照明开关，释放“急停”开关 |
| | | 结束保养 | 1. 关闭厅门，确认电梯恢复正常<br>2. 将电梯从底层端站到顶层端站，再从顶层端站到底层端站运行一个来回，在底坑厅门处听底坑有无噪声和异响，结束保养 |

3．缓冲器和限速器张紧轮装置维护保养信息表

在完成缓冲器和限速器张紧轮装置维护保养的工作任务过程中，填写表 2-21，作为电梯保养记录。

**表 2-21　缓冲器和限速器张紧轮装置维护保养信息表**

<table>
<tr><td rowspan="2">序号</td><td>工作任务：缓冲器和限速器张紧轮装置的保养</td><td>维护保养操作记录检查（√）</td><td colspan="2">处理结论：<br>正常（√）；不良（×）；<br>已办（○）；待办（注明）</td><td>维修及保养工具</td></tr>
<tr><td>内容</td><td>检查、测量情况</td><td>检查结果</td><td>处理情况</td><td>取用情况</td></tr>
<tr><td>1</td><td>检查限速器钢丝绳位置偏差</td><td>上端（　）、下端（　）<br>允许（　）</td><td></td><td></td><td rowspan="8">1．钳形电流表<br>2．数字式声级计<br>3．吸尘器<br>4．标准测力计<br>5．90° 角尺<br>6．塞尺<br>7．卷尺<br>8．磁力线坠<br>9．活扳手<br>10．梅花扳手<br>11．万用表<br>12．试电笔<br>13．十字旋具<br>14．一字旋具<br>15．毛刷<br>16．平口钳<br>17．尖嘴钳<br>18．手电筒<br>19．游标卡尺<br>20．水平尺<br>21．转速表<br>22．温度表</td></tr>
<tr><td>2</td><td>进入底坑的安全操作</td><td>操作顺序：<br>□开层门<br>□下底坑<br>□按下急停开关<br>□开底坑照明<br>□防止护栏</td><td></td><td></td></tr>
<tr><td>3</td><td>清洁底坑设备（包括润滑油回收）和地面</td><td>底坑是否干净（是　　否）</td><td></td><td></td></tr>
<tr><td>4</td><td>检查轿厢、对重撞头与缓冲器的距离</td><td>线坠测量（　）<br>允许（　）<br>卷尺测量（　）<br>允许（　）</td><td></td><td></td></tr>
<tr><td>5</td><td>检查和复位缓冲器开关；<br>检查和调整缓冲器油位</td><td>开关（正常、非正常）<br>油尺（高、中、低）</td><td></td><td></td></tr>
<tr><td>6</td><td>检查、复位限速器钢丝绳断绳开关</td><td>操作断开、复位断绳开关</td><td></td><td></td></tr>
<tr><td>7</td><td>检查张紧轮张力位置</td><td>挡绳杆间隙（　）<br>距底坑（　）</td><td></td><td></td></tr>
<tr><td>8</td><td>退出底坑安全操作</td><td>操作顺序：<br>□关层门<br>□出底坑<br>□释放急停开关<br>□关底坑照明<br>□撤护栏</td><td></td><td></td></tr>
</table>

4．缓冲器和限速器张紧轮装置实用技术要求

（1）轿厢与对重缓冲器

缓冲器应设置在轿厢和对重的行程底部极限位置。轿厢投影部分下面缓冲器的作用点应设一个一定高度的障碍物（缓冲器支座），以便满足《电梯制造与安装安全规范》（GB 7588—2003）中 5.7.3.3 的要求。对缓冲器，距其作用区域的中心 0.15m 范围内，有导轨和类似的固定装置，不含墙壁，则这些装置可认为是障碍物。强制驱动电梯，还应在轿顶上设置能在行程上部极限位置起作用的缓冲器。

蓄能型缓冲器（包括线性和非线性）只能用于额定速度小于或等于 1m/s 的电梯。耗能型缓冲器可用于任何额定速度的电梯。

缓冲器是安全部件，应根据《电梯制造与安装安全规范》（GB 7588—2003）中的要求进行验证。

（2）轿厢和对重缓冲器的行程

1）线性蓄能型缓冲器：线性蓄能型缓冲器可能的总行程应至少等于相应于 115% 额定速度的重力制停距离的 2 倍，即 $0.135v^2$（m）。无论如何，此行程不得小于 65mm。缓冲器的设计应能在静载荷为轿厢质量与额定载质量之和（或对重质量）的 2.5 ～ 4 倍时达到此行程。

**注：**$\frac{2\times(1.15v)^2}{2g_n}=0.1348v^2$调整到 $0.135v^2$。$g_n$是重力加速度。

2）非线性蓄能型缓冲器：非线性蓄能型缓冲器应符合下列要求：

① 当装有额定载质量的轿厢自由落体，并以 115% 额定速度撞击轿厢缓冲器时，缓冲器作用期间的平均减速度不应大于 $1g_n$。

② $2.5g_n$ 以上的减速度时间不大于 0.04s。

③ 轿厢反弹的速度不应超过 1m/s。

④ 缓冲器动作后，应无永久变形。

3）耗能型缓冲器：

① 耗能型缓冲器的总行程。耗能型缓冲器可能的总行程应至少等于相应于 115% 额定速度的重力制停距离，即 $0.0674v^2$（m）。当对电梯行程末端的减速进行监控时，在缓冲器行程的计算中，可采用轿厢（或对重）与缓冲器刚接触时的速度取代额定速度，但行程必须符合下述规定：

当额定速度小于或等于 4m/s 时，行程不得小于按上述规定计算行程的 50%。而且，在任何情况下，行程不应小于 0.42m。

当额定速度大于 4m/s 时，行程不得小于按上述规定计算行程的 1/3。而且，在任何情况下，行程不应小于 0.54m。

② 对耗能型缓冲器的技术要求。

当装有额定载质量的轿厢以自由落体形式，并以 115% 额定速度撞击轿厢缓冲器时，缓冲器作用期间的平均减速度不应大于 1$g_n$。

缓冲器对轿厢产生的 2.5$g_n$ 以上的减速度时间不应大于 0.04s。

缓冲器动作后，应无永久变形。

③ 缓冲器动作后回复。在缓冲器动作后回复至其正常伸长位置后电梯才能正常运行，为检查缓冲器的正常复位，所用的装置应是一个符合《电梯制造与安装安全规范》（GB 7588—2003）中 14.1.2 规定的电气安全装置。

④ 液压缓冲器的结构要求。液压缓冲器的结构应便于检查其液位。

### 2.5.2　底坑电气设备的维护保养

1．操作前需要准备的工具

进行电梯底坑电气设备维护保养前需要准备下列工具，见表 2-22。

表 2-22　电梯底坑电气设备维护保养准备工具

| 序号 | 工具名称 | 数量 | 序号 | 工具名称 | 数量 |
|---|---|---|---|---|---|
| 1 | 手套 | 1 副 | 9 | 三角钥匙 | 1 把 |
| 2 | 一字旋具 | 1 把 | 10 | 钢直尺 | 1 把 |
| 3 | 十字旋具 | 1 把 | 11 | 90° 角尺 | 1 把 |
| 4 | 塞尺 | 1 套 | 12 | 棉纱 | 1 包 |
| 5 | 兆欧表 | 1 个 | 13 | 磁性线坠 | 1 个 |
| 6 | 安全帽 | 1 顶 | 14 | 安全鞋 | 1 双 |
| 7 | 工作服 | 1 套 | 15 | 口罩 | 1 个 |
| 8 | 围栏 | 2 个 | 16 | 吸尘器 | 1 个 |

2．电梯底坑电气设备的维护保养操作步骤

电梯底坑电气设备的维护保养操作步骤具体见表 2-23。

表 2-23 电梯底坑电气设备的维护保养操作步骤

| 序号 | 现场操作项目 | 操作步骤 | 技术指标 |
|---|---|---|---|
| 1 | 底坑设备维护保养前的准备 | 保养前准备 | 设置防护栏 |
| 2 | 安全进入底坑 | 呼梯 | 通过呼梯按钮将电梯召唤到底层端站。将层站门与轿门打开并确保电梯轿厢中没有乘客 |
| | | 打开厅门 | 按下轿厢按钮，将电梯送至上一层楼，到达适合的位置后（货梯 5 ～ 6s，乘客 1 ～ 2s），使用厅门三角钥匙打开厅门 |
| | | 检查门回路 | 使用厅门顶门器将厅门锁定在稍微开启位置，给出厅站呼梯信号，轿厢应不能动（验证门锁回路是否正常） |
| | | 按下底坑急停 | 确保上下急停开关处于闭合状态 |
| | | 打开底坑照明 | 打开底坑照明，有足够的亮度，插座有效 |
| | | 下底坑 | 将厅门关闭至最小的开启位置，利用爬梯下到底坑，开始进行底坑工作<br>注：底坑保养过程中不要将门完全打开，除非确实需要。使用门阻止器顶住厅门，避免有人意外从开着的门掉落底坑 |
| | | 清洁底坑 | 检查并清扫底坑，清洁底坑部件，清除底坑多余物品，并保持底坑清洁，无渗水和积水 |
| 3 | 检查通话功能 | 检查底坑通话功能 | 检查底坑对讲是否完整，并进行五方（或三方）通话功能测试 |
| 4 | 检查安全钳 | 清洁并润滑安全钳相关部件 | 对安全钳机构进行清洁和吸尘。对安全钳滚轮和弹簧等进行润滑，安全钳动作时，楔块与导轨的接触面不能润滑 |
| | | 检查安全钳连杆结构 | 对连杆进行检查、清洁和润滑。手动操作连杆，确保安全钳机构的所有活动部件都没有阻滞现象 |
| 5 | 检测电气设备绝缘参数 | 测量电气设备绝缘参数 | 利用兆欧表对电气设备绝缘参数进行测量 |
| 6 | 退出底坑结束保养 | 安全退出底坑 | 爬出底坑，关闭照明开关，释放急停开关 |
| | | 结束保养 | 1．关闭厅门，确认电梯恢复正常<br>2．将电梯从底层端站到顶层端站，再从顶层端站到底层端站运行一个来回，在底坑厅门处听底坑有无噪声和异响，结束保养 |

3．底坑设备维护保养信息表

在完成底坑设备维护保养的工作任务过程中，填写表 2-24，作为电梯维护保养记录。

表 2-24　底坑设备维护保养信息表

<table>
<tr><td rowspan="2">序号</td><td>工作任务：底坑设备的保养</td><td>维护保养操作记录检查（√）</td><td colspan="2">处理结论：<br>正常（√）；不良（×）；<br>已办（○）；待办（注明）</td><td>维修及保养工具</td></tr>
<tr><td>内容</td><td>检查、测量情况</td><td>检查结果</td><td>处理情况</td><td>取用情况</td></tr>
<tr><td>1</td><td>进入底坑的安全操作</td><td>操作顺序：<br>☐开层门<br>☐下底坑<br>☐按下急停<br>☐开底坑照明<br>☐防止护栏</td><td></td><td></td><td rowspan="7">1．钳形电流表<br>2．数字式声级计<br>3．吸尘器<br>4．标准测力计<br>5．90°角尺<br>6．塞尺<br>7．卷尺<br>8．磁力线坠<br>9．活扳手<br>10．梅花扳手<br>11．万用表<br>12．试电笔<br>13．十字旋具<br>14．一字旋具<br>15．毛刷<br>16．平口钳<br>17．尖嘴钳<br>18．手电筒<br>19．游标卡尺<br>20．水平尺<br>21．转速表<br>22．温度表</td></tr>
<tr><td>2</td><td>清洁底坑设备（包括润滑油回收）和地面</td><td>底坑是否干净（是　　否）</td><td></td><td></td></tr>
<tr><td>3</td><td>检查底坑急停、照明开关功能</td><td>正常（　）<br>不正常（　）</td><td></td><td></td></tr>
<tr><td>4</td><td>更换底坑灯泡</td><td>更换（　）<br>未更换（　）</td><td></td><td></td></tr>
<tr><td>5</td><td>检查安全钳</td><td>安全钳润滑<br>（正常　　非正常）<br>安全钳间隙<br>（正常　　非正常）</td><td></td><td></td></tr>
<tr><td>6</td><td>检查通话功能</td><td>设备是否完整<br>（正常　　非正常）<br>通话是否正常<br>（正常　　非正常）</td><td></td><td></td></tr>
<tr><td>7</td><td>退出底坑安全操作</td><td>操作顺序：<br>☐关层门<br>☐出底坑<br>☐释放急停<br>☐关底坑照明<br>☐撤护栏</td><td></td><td></td></tr>
</table>

4．底坑设备实用技术要求

（1）安全钳的安全技术规范

按电梯安全技术规范的规定，安全钳须满足下列要求：

1）安全钳制停过程的平均减速度应在 $0.2g_n \sim 1.0g_n$ 之间。

2）在轿厢内载荷均匀分布的情况下，安全钳使轿厢制停后，轿厢地板的倾斜度不超过其正常位置的 5%。

3）安全钳动作之前应有电气开关切断电梯控制回路，使曳引机停转。此电气开关应是非自动复位开关。

4）安全钳夹紧弹簧和受力零件应有足够的强度系数。

（2）安全钳的维护方法

1）保证安全钳动作的可靠性，每半年应做一次限速器、安全钳动作试验。其方法是：轿厢空载，从二层开始，以检修速度下行；用手扳动限速器，使连接钢丝绳的杠杆提起，此时轿厢应停止下降，限位开关应同时动作，切断控制回路的电源；松开安全钳楔块，使轿厢慢速向上行驶，此时导轨被安全钳楔块夹持住的痕迹应对称、均匀；试验后，对于导轨上的压痕，应用手砂轮、锉刀、油石、砂布等将导轨打磨光滑。

2）保证安全钳中的操纵机构和制停机构中所有的构件完整无损及其灵活性。

3）保证安全钳座和钳块部分（即安全嘴）无裂损及污物塞入。检查时，检修人员进入底坑，然后将轿厢行驶至底层端站附近。

4）保证轿厢外两侧的安全钳楔块同时动作，且两边用力一致。

（3）电气绝缘参数测量时的注意事项

1）对于同杆双回架空线或双母线，当一回路带电时，不得测量另一回路的绝缘电阻，以防感应高压损坏仪表和危及人身安全。对于平行线路，也同样要注意感应电压，一般不应测其绝缘电阻。在必须测量时，要采取必要措施才能进行，如用绝缘棒接线等。

2）测量大容量电机和长电缆的绝缘电阻时，充电电流很大，因而兆欧表开始指示数很小，但这并不表示被试设备绝缘不良，必须经过较长时间测试，才能得到正确的结果。使用手摇式兆欧表测量大容量设备的绝缘电阻时，试验结束后手不能停，要先断开L线与被测设备之间的连接，再停止转动兆欧表，并立即对被测设备放电和接地，防止被试设备对兆欧表反充电损坏兆欧表和被测设备所带高压伤人。

3）如所测绝缘电阻过低，应进行分解试验，找出绝缘电阻最低的部分。

4）一般应在干燥、晴天、环境温度不低于5℃时进行测量。在阴雨潮湿的天气及环境湿度较大时，不应进行测量。

5）屏蔽环装设位置。为了避免表面泄漏电流的影响，测量时应在绝缘表面加等电位屏蔽环，且应靠近L端子装设。

6）兆欧表的L和E端子接线不能对调。用兆欧表测量电气设备绝缘电阻时，其正确接线方法是L端子接被试品与大地绝缘的导电部分，E端子接被试品的接地端。

7）采取兆欧表测量时，应设法消除外界电磁场干扰引起的误差。在强磁场附近或在未停电的设备附近使用兆欧表测量绝缘电阻，由于电磁场干扰也会引起很大的测量误差，引起误差的原因是磁耦合和电容耦合。

8）为便于比较，对同一设备进行测量时，应采用同样的兆欧表、同样的接线。当采用不同形式的兆欧表测绝缘电阻，特别是测量具有非线性电阻的阀型避雷器时，往往会出现很大的差别。

当用同一只兆欧表测量同一设备的绝缘电阻时，应采用相同的接线，否则将测量结果放在一起比较是没有意义的。

## 2.6　自动扶梯和自动人行道的维护保养

### 2.6.1　驱动主机的维护保养

1）是否有噪声、振动、异味以及污损。发生异常的原因判断如下：

① 三角皮带的张力是否恰当。

② 三角皮带与滑轮是否异常磨损、恶化。

③ 三角皮带和滑轮是否黏着油。

④ 连接电机与减速机的固定螺栓是否松动。

⑤ 滚轴连杆是否发出异常声音。

2）电机出线口配线的接驳端子是否温度升高，如有异常，要确认接驳端子的拧紧状态。

3）电机温度是否不正常地升高。

### 2.6.2　齿轮油的维护保养

1．齿轮油的种类

应使用指定型号齿轮油。油量：5.5kW 减速机需要 5L，7 ～ 11kW 减速机需要 8L。

2．检查方法

1）用油尺确认驱动主机的齿轮油量，应在自动扶梯停止约 5min 后进行。

2）如图 2-1 所示，检查油面应到油尺的上、下刻度之间。

3）用棉纱擦干净油尺，然后完全塞入至底，再拔出进行确认。

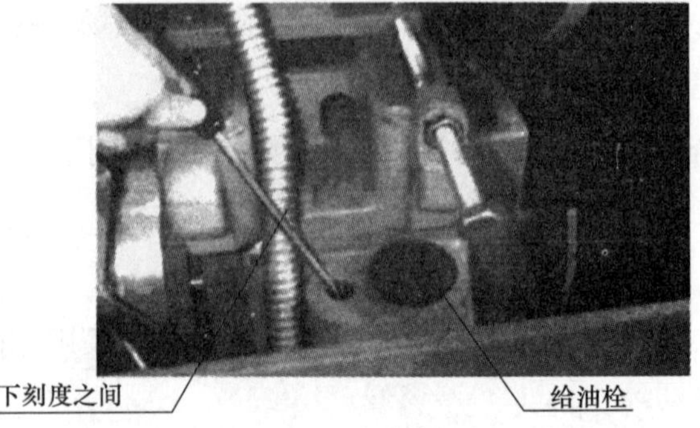


图 2-1　确认齿轮油量

4）油的黏度是否恰当，有无异味，有无混入水分。常用方法是用指尖蘸一些来闻（指尖蘸取后要及时清洗），并捻开两根手指上的油，判断其黏度（平时应记住正确的气味与黏度，如果有水混入就会变浊，呈白色，并产生细小的气泡，变成胶质状便不起润滑作用，所以应注意）。

5）确认齿轮油有无泄漏（盖子、油封等）。

6）排油时，松开减速机下端的排油螺栓进行排油。

齿轮油的异常判断见表 2-25。

**表 2-25　齿轮油的异常判断**

| 状态 | 原因 |
|---|---|
| 变成黑色 | 长时间没有更换齿轮油或油量不足 |
| 变成黄色 | 齿轮油内混进了水等 |
| 齿轮油内混入金属粉 | 齿轮的接触不良和摇摆等原因，导致油量不足，在运行中会混入若干金属粉 |

### 2.6.3　三角皮带、皮带轮的维护保养

三角皮带的横截面如图 2-2 所示。维护保养时，应检查整条三角皮带的外观，符合表 2-26 三角皮带、皮带轮更换检测标准的，应尽快更换。

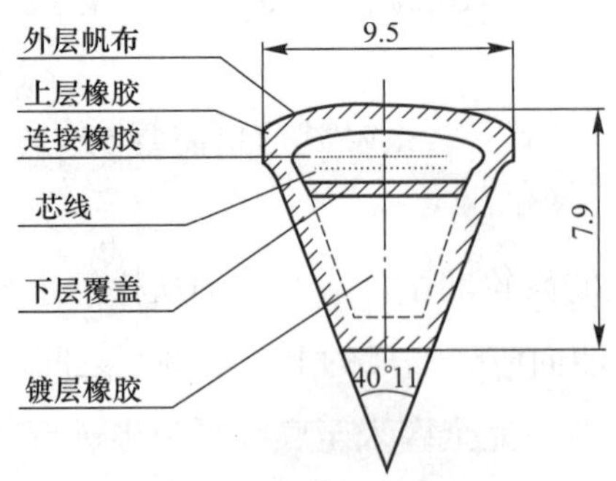


图 2-2　三角皮带的横截面

表 2-26　三角皮带、皮带轮更换检测标准

| 名称 | 检测项目 | 检测标准（出现以下状况时需更换） |
|---|---|---|
| 三角皮带 | 上面裂缝 | 裂缝有 1 个位置以上，已到芯线层时 |
| | 底面裂缝 | 裂缝有 1 个位置以上，已到芯线层时 |
| | 磨耗（外层帆布） | 外层帆布磨耗了，内部橡胶已露出来时 |
| | 分离 | 芯线层与橡胶层分离，芯线凸了出来时 |
| | 烧烂 | 因滑移发热，局部性地炭化时 |
| | 油脂黏着 | 皮带轮与接触的侧面有油黏着时 |
| 滑轮 | 磨耗 | 皮带轮槽的底部光亮（皮带接触部分）时 |

### 2.6.4　限速器的维护保养

由于动力传动采用三角皮带，所以动力损失（滑移、空转、切断）时，使自动扶梯停止的限速器（图 2-3）能准确检查出自动扶梯的超速或欠速。主要检查及调整项目如下。

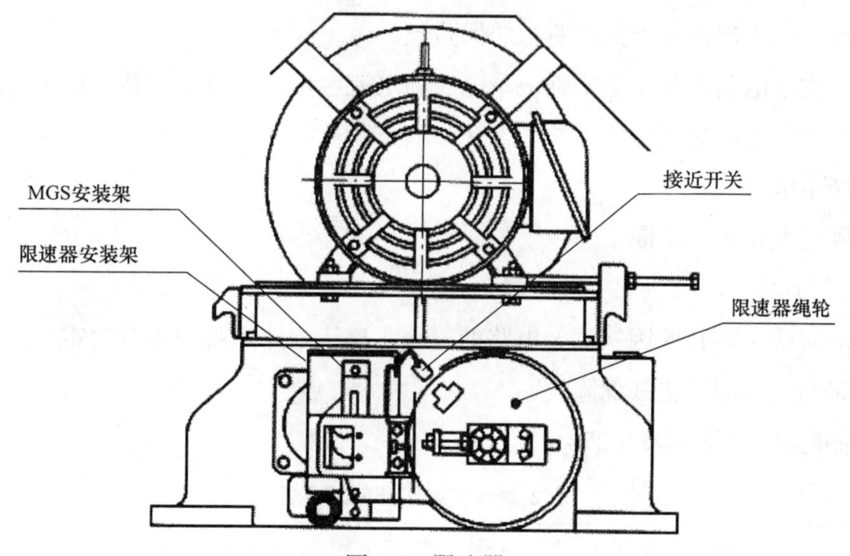


图 2-3　限速器

1）应确认低速侧限速器接近开关与隔磁板的间隙是否符合图 2-4（a）所示的标准（感应器不应与隔磁板接触）。

2）拆除高速侧限速器的超速检出开关的时候，应用塞尺确认图 2-4（b）所示的尺寸，安装时必须回复到拆除前的原有尺寸。

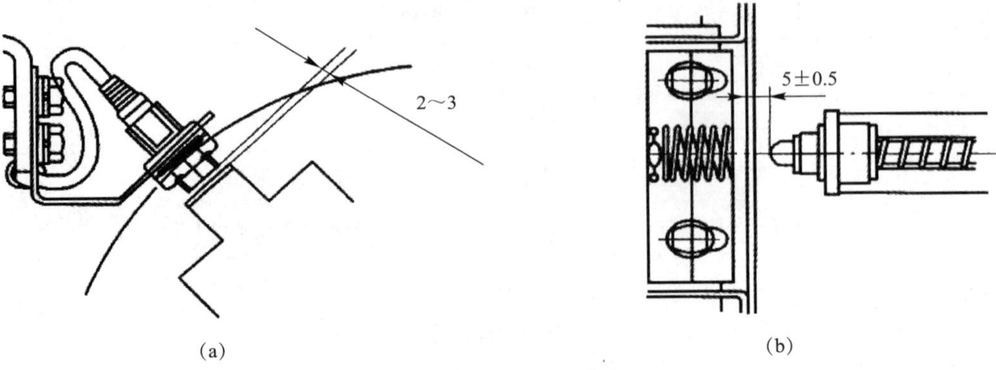


图 2-4　限速器检查部位

## 2.6.5　主电源开关、闸刀开关的维护保养

1．检查项目与重点

1）电源指示灯是否熄灭。

2）电源用主电源开关以及闸刀开关的开关动作是否准确，是否破损。

3）各端子是否拧紧。

4）是否准确按规格装上铭牌所示的保险丝。

5）是否在各电路的开关上明确记录电压和电流容量，测量电压是否在规定值内。

2．保险丝断裂时的调整项目及其方法

1）切断主电源。

2）判断是老化还是熔断。

**注：**老化的场合，保险丝一般不熔化。

3）熔断时要了解其原因（测定电路的绝缘，确认电路上哪里不合规定）。

4）明确判定原因后更换保险丝。

主电源开关的容量见表 2-27。

**表 2-27　主电源开关的容量**

| 主机功率 /kW | 电源（AC400V）容量 /A |
|---|---|
| 5.5 | 32 |
| 7.5 | 32 |
| 11 | 40 |

### 2.6.6　其他设备的维护保养

1．接触器、继电器

检查项目与重点：

1）端子等紧固是否松动。

2）导线压接端子上是否有龟裂等不正常现象。

3）外盖的安装是否良好，是否破损。

2．电阻检查（BDR、MR）

检查项目：

1）电阻器是否不正常（过热、变色、龟裂）。

2）导线是否与电阻器接触不良。

3）端部的焊锡是否牢固。

3．变压器

检查项目：

1）端子是否松动。

2）是否产生不正常过热。

3）是否有不正常声音。

4）端子间是否黏着碳粉等。

4．配线

检查项目：

1）电源的端子盖是否盖好。

2）电源端子安装是否松动。

3）各电路端子是否安装牢固。

4）端子排各端子线路是否有松动。

5）MLC 的插入是否准确，有无松动。

6）各配线是否可能接触活动部位。

7）配线外皮是否有受热等不良影响。

5．绝缘电阻

绝缘电阻试验是用绝缘表进行测试，判定依据是国家标准及企业标准。低于标准的时候，要调查其绝缘不良的原因，并进行处理。

1）确认安装接线的接线正确。

2）拆下控制柜接地端子排 E2、E3、E5。

3）将检修—正常开关处于“NORMAL”（正常）运行状态。

4）将主电源开关、QF1、QF2、QF3、QF4、QF5、QF6、QF7、给油开关、FFBT 等开关全部断开。

5）用 15V 绝缘表测定要测定的部位与对地间的绝缘电阻，满足表 2-28 的要求。

表 2-28 绝缘测定判定基准

| 电路 | 测定部位 | 规定值 |
|---|---|---|
| 主回路 | 主电源开关二次端子侧（R．S．T） | 1MΩ 以上 |
| 电动机回路 | 热继电器（U．V．W） | 1MΩ 以上 |
| 控制回路 | QF1、QF2、QF3、QF4、QF5、QF6 开关二次侧 | 0.5MΩ 以上 |
| 照明回路 | FFBT 闸刀开关二次侧<br>QF7 保险丝二次侧 | 0.5MΩ 以上 |

6．安全开关

安全开关是在自动扶梯发生异常的时候，使自动扶梯停止，保护乘客和机器的重要装置，如图 2-5 所示。因此，当异常情况发生时，必须首先在充分了解开关功能的基础上进行检查。安全开关动作时，必须查明其原因。表 2-29 为安全开关一览表。

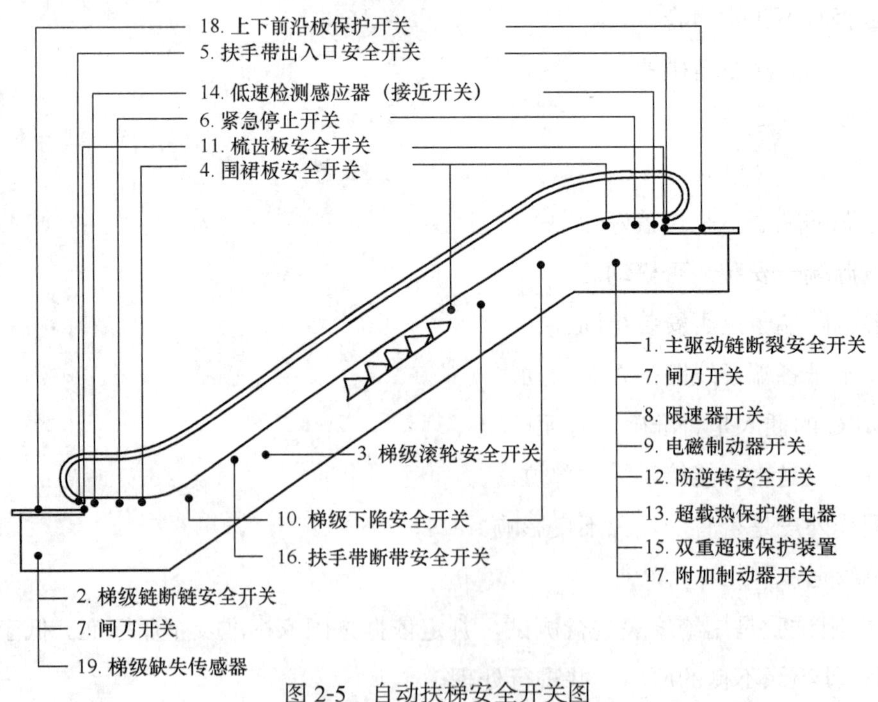


图 2-5 自动扶梯安全开关图

表 2-29　安全开关一览表

| 项号 | 名称 | 动作状况 |
| --- | --- | --- |
| 1 | 主驱动链断裂安全开关 | 主驱动链断裂时，自动扶梯即被停止 |
| 2 | 梯级链断链检出开关 | 梯级链伸长或断折时，自动扶梯即被停止 |
| 3 | 梯级滚轮安全开关 | 梯级与梯级之间有异物阻塞时，自动扶梯即被停止 |
| 4 | 围裙板安全开关 | 围裙板与梯级之间有异物阻塞时，自动扶梯即被停止 |
| 5 | 扶手带出入口安全开关 | 入口处被手指、身体或其他的异物阻塞时，自动扶梯即被停止 |
| 6 | 紧急停止开关 | 自动扶梯在需要紧急停止的情况下，按此按钮 |
| 7 | 闸刀开关 | 在保养、检查、维修中将电路切断，防止意外启动 |
| 8 | 限速器开关 | 自动扶梯运行速度超过额定值 15% ～ 17% 时，自动扶梯即被停止 |
| 9 | 电磁制动器开关 | 电磁制动器异常时，自动扶梯即被停止 |
| 10 | 梯级轮下陷安全开关 | 梯级后轮的橡胶剥离后，梯级下陷，自动扶梯即被停止 |
| 11 | 梳齿板安全开关 | 梯级与梳齿板间有异物阻塞或相碰撞时，自动扶梯即被停止 |
| 12 | 防逆转安全开关 | 当自动扶梯运行方向与设定方向相反时，自动扶梯停止运行 |
| 13 | 超载热保护继电器 | 当超过额定值的电流进入电动机时，自动扶梯即被停止 |
| 14 | 低速检测感应器（接近开关） | 自动扶梯运行速度为额定值的 76% ～ 77% 时，自动扶梯即被停止 |
| 15 | 双重超速保护装置 | 除机械的超速保护装置外，在电机上安装旋转编码器检测，提供可靠保护 |
| 16 | 扶手带断带安全开关 | 当扶手带断带时，自动扶梯即被停止 |
| 17 | 附加制动器开关 | 当速度超过额定速度 1.4 倍之前或梯级、踏板改变其规定运行方向时，自动扶梯即被停止 |
| 18 | 上下前沿板保护开关 | 上下前沿板掀起或塌陷后，自动扶梯即被停止 |
| 19 | 梯级缺失传感器 | 当检查自动扶梯梯级缺失后，自动扶梯即被停止 |

7．梯级前轴

检查项目：

1）轴上是否生锈。

2）梯级连接码是否变形、龟裂，转动是否灵活。

3）轴上有黏结的时候，应在梯级连接码的入油口加入机油，并轻轻旋转。

4）应定期地给梯级连接码加油。

8．梯级前后轮

检查项目：

1）前后轮的胶是否剥落、龟裂。

2）轴承是否有异常声音。

3）卡簧的安装是否正确。

4）后轮胶胎剥离的检查方法，按如下步骤进行：

① 点动下行，同时检查返回侧梯级的后轮。

② 前、后轮上有剥落的情况，应马上更换。

5）后轮滚轮的更换要领：

① 用卡簧钳拆除前后轮安装轴上的卡簧。

② 从轴上拆除前后轮。

③ 装上新的前后轮之后，安装好卡簧。

9．梳齿

检查项目：

1）表面有无损伤。

2）有无小石粒卡着。

3）安装有无松动（运行中造成摩擦声的原因）。

4）梯级梳齿条有无折断扭曲，有折断或扭曲时，需更换。梯级梳齿条是装在梯级边缘上的，所以，如果发生了折断或扭曲时，应尽快更换。更换了梯级梳齿条后，装入自动扶梯上，并确认没有接触前后的梯级及梳齿。

10．扶手带

检查项目：

1）扶手带表面及其里面或耳侧面上有无龟裂和严重的污秽。

2）扶手带耳部宽度的扩大应在45mm以内［新扶手带耳部宽度为（40±1）mm］。

3）自动扶梯运行时，用手拉扶手带，扶手带也不应停止。

4）让自动扶梯连续运行30min，停梯后用数字式点温计测量扶手带表面的温度，其值比环境温度高6℃以内为合格，当温升超过环境温度6℃时，应进行扶手带蛇行、扶手带驱动装置及扶手带张紧装置的调整作业。

5）端部出入口开关的安装状态以及动作是否良好。

6）扶手带运行中有无异常声音，若发生异常声音，应考虑下述问题并进行检查：

① 扶手带按压导靴部的异常声音。

② 扶手带导轨、扶手带框架的摩擦声音。

③ 扶手带驱动装置链轮的中心应在同一平面上，否则会发出异常声音。

7）扶手带运行中有无窜动，若发生窜动，应考虑下述问题并进行检查：

① 扶手带驱动链的松弛量是否在标准内，链轮是否破损。

② 因扶手带驱动链与链轮的啮合不良而导致。

③ 因扶手带帆布部分的异常磨耗导致。

8）扶手带运行中速度有无变慢，分析速度缓慢的原因，应考虑下述问题并进行检查：

① 因扶手带驱动装置的调整螺栓的安装不良所致。

② 因扶手带驱动装置的活动部分在导向销上、下移动不灵活所致。

③ 由于扶手带按压导承的按压力太大使运行阻力增大导致。

④ 扶手带导靴的分中不恰当，扶手带与扶手带导靴以及扶手带框架之间没有松动余量，从而使运行阻力增加导致。

11．护壁板（玻璃护壁板、不锈钢护壁板）

检查项目：

1）护壁板之间的间隙，连接处高低差应在 1mm 以内。

2）玻璃护壁板之间的间隙应为 3±1mm。

3）玻璃护壁板上不应有龟裂及损伤。

12．栏杆照明、灯罩

检查项目：

1）照明灯有无闪烁和不亮。

2）灯罩有无破损、污秽、变色。

3）灯罩安装是否良好。

4）灯罩用支架的安装螺钉是否安装牢固。

5）插座有无异常过热和损伤。

6）镇流器有无异味、噪声以及过热、冒烟。

7）各部分的接线是否良好。

8）接地线是否有效。

13．边界灯、脚灯、环形灯

检查项目：

1）照明灯有无闪烁和不亮。

2）镇流器有无异常过热、噪声和异味。

3）支架、反射板的安装螺栓有无松动。

4）反射板上有无污秽和尘埃。

5）接线是否良好，有无损伤。

14．围裙板、盖板

检查项目：

1）梯级与围裙板的间隙是否恰当。

2）围裙板的连接处不应重叠（间隙在 0.5mm 左右）。

3）护壁板边沿与内盖板之间不应有间隙。

4）内盖板安装螺钉有无松动。

5）内盖板连接处有无台阶和间隙（标准值在 0.5mm 以下）。

15．导轨

检查项目：

1）梯级运行中，舒适感有无异常，有无发出异常声音。

2）梯级有无异常振动和蛇行。

3）安装螺栓、螺母有无松动。

4）应对导轨进行清扫，并进行下述检查：

① 导轨行走面上有无异物。

② 导轨上有无龟裂。

③ 导轨行走面有无磨损（1mm 以下）。

④ 导轨侧面的导轨行走面以及导轨凸缘面上有无高低差。

16．安全标志、注意事项

自动扶梯管理者要对经常使用自动扶梯的人进行正确乘搭方法的指导。为了指示正确的乘搭方法，应张贴安全标志或播放注意事项。应确保播放的音量以及播放的内容恰当，应有齐全有效的安全合格检验标志。

## 2.7 电梯维护保养规范要求

### 2.7.1 曳引与强制驱动电梯维护保养项目（内容）和要求

1．半月维护保养项目（内容）和要求

半月维护保养项目（内容）和要求见表 2-30。

表 2-30　半月维护保养项目（内容）和要求

| 序号 | 维护保养项目（内容） | 维护保养基本要求 |
|---|---|---|
| 1 | 机房、滑轮间环境 | 清洁，门窗完好、照明正常 |
| 2 | 手动紧急操作装置 | 齐全，在指定位置 |
| 3 | 曳引机 | 运行时无异常振动和异常声响 |
| 4 | 制动器各销轴部位 | 动作灵活 |
| 5 | 制动器间隙 | 打开时制动衬与制动轮不应发生摩擦，间隙值符合制造单位要求 |
| 6 | 制动器作为轿厢意外移动保护装置，制停子系统时的自监测 | 制动力人工方式检测符合使用维护说明书要求；制动力自监测系统有记录 |
| 7 | 编码器 | 清洁，安装牢固 |
| 8 | 限速器各销轴部位 | 润滑，转动灵活；电气开关正常 |
| 9 | 层门和轿门旁路装置 | 工作正常 |
| 10 | 紧急电动运行 | 工作正常 |
| 11 | 轿顶 | 清洁，防护栏安全可靠 |
| 12 | 轿顶检修开关、停止装置 | 工作正常 |
| 13 | 导靴上油杯 | 吸油毛毡齐全，油量适宜，油杯无泄漏 |
| 14 | 对重 / 平衡重块及其压板 | 对重 / 平衡重块无松动，压板紧固。 |
| 15 | 井道照明 | 齐全、正常 |
| 16 | 轿厢照明、风扇、应急照明 | 工作正常 |
| 17 | 轿厢检修开关、停止装置 | 工作正常 |
| 18 | 轿内报警装置、对讲系统 | 工作正常 |
| 19 | 轿内显示、指令按钮、IC 卡系统 | 齐全、有效 |
| 20 | 轿门防撞击保护装置（安全触板，光幕、光电等） | 功能有效 |
| 21 | 轿门门锁电气触点 | 清洁，触点接触良好，接线可靠 |
| 22 | 轿门运行 | 开启和关闭工作正常 |
| 23 | 轿厢平层准确度 | 符合标准值 |
| 24 | 层站召唤、层楼显示 | 齐全、有效 |
| 25 | 层门地坎 | 清洁 |
| 26 | 层门自动关门装置 | 正常 |

续表

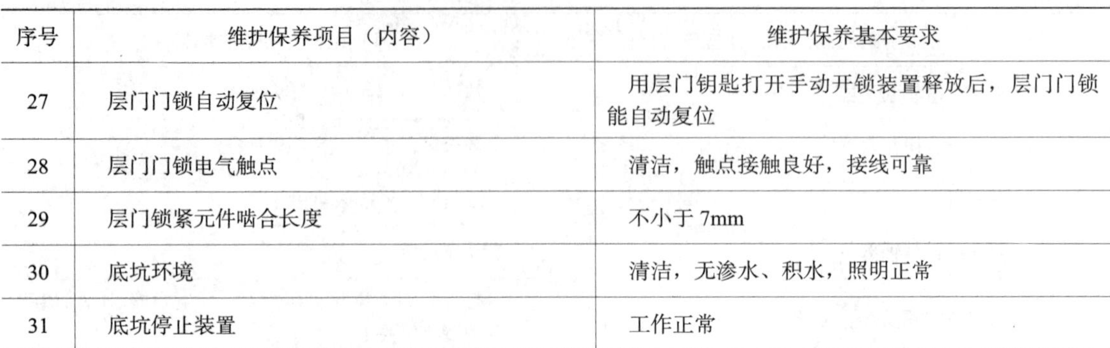

| 序号 | 维护保养项目（内容） | 维护保养基本要求 |
|---|---|---|
| 27 | 层门门锁自动复位 | 用层门钥匙打开手动开锁装置释放后，层门门锁能自动复位 |
| 28 | 层门门锁电气触点 | 清洁，触点接触良好，接线可靠 |
| 29 | 层门锁紧元件啮合长度 | 不小于 7mm |
| 30 | 底坑环境 | 清洁，无渗水、积水，照明正常 |
| 31 | 底坑停止装置 | 工作正常 |

### 2. 季度维护保养项目（内容）和要求

季度维护保养项目（内容）和要求除符合表2-30的要求外，还应当符合表2-31的要求。

**表 2-31　季度维护保养项目（内容）和要求**

| 序号 | 维护保养项目（内容） | 维护保养基本要求 |
|---|---|---|
| 1 | 减速机润滑油 | 油量适宜，除蜗杆伸出端外均无渗漏 |
| 2 | 制动衬 | 清洁，磨损量不超过制造单位要求 |
| 3 | 编码器 | 工作正常 |
| 4 | 选层器动静触点 | 清洁，无烧蚀 |
| 5 | 曳引轮槽、悬挂装置 | 清洁，钢丝绳无严重油腻，张力均匀，符合制造单位要求 |
| 6 | 限速器轮槽、限速器钢丝绳 | 清洁，无严重油腻 |
| 7 | 靴衬、滚轮 | 清洁，磨损量不超过制造单位要求 |
| 8 | 验证轿门关闭的电气安全装置 | 工作正常 |
| 9 | 层门、轿门系统中传动钢丝绳、链条、胶带 | 按照制造单位要求进行清洁、调整 |
| 10 | 层门门导靴 | 磨损量不超过制造单位要求 |
| 11 | 消防开关 | 工作正常，功能有效 |
| 12 | 耗能缓冲器 | 电气安全装置功能有效，油量适宜，柱塞无锈蚀 |
| 13 | 限速器张紧轮装置和电气安全装置 | 工作正常 |

### 3. 半年维护保养项目（内容）和要求

半年维护保养项目（内容）和要求除符合表2-31中季度维护保养的项目（内容）和要求外，还应当符合表2-32的项目（内容）和要求。

表 2-32 半年维护保养项目（内容）和要求

| 序号 | 维护保养项目（内容） | 维护保养基本要求 |
| --- | --- | --- |
| 1 | 电动机与减速机联轴器螺栓 | 连接无松动，弹性元件外观良好，无老化等现象 |
| 2 | 驱动轮、导向轮轴承部 | 无异常声，无振动，润滑良好 |
| 3 | 曳引轮槽 | 磨损量不超过制造单位要求 |
| 4 | 制动器动作状态监测装置 | 工作正常，制动器动作可靠 |
| 5 | 控制柜内各接线端子 | 各接线紧固、整齐，线号齐全清晰 |
| 6 | 控制柜各仪表 | 显示正确 |
| 7 | 井道、对重、轿顶各反绳轮轴承部 | 无异常声响，无振动，润滑良好 |
| 8 | 悬挂装置、补偿绳 | 磨损量、断丝数不超过要求 |
| 9 | 绳头组合 | 螺母无松动 |
| 10 | 限速器钢丝绳 | 磨损量、断丝数不超过制造单位要求 |
| 11 | 层门、轿门门扇 | 门扇各相关间隙符合标准值 |
| 12 | 轿门开门限制装置 | 工作正常 |
| 13 | 对重缓冲距离 | 符合标准值 |
| 14 | 补偿链（绳）与轿厢、对重接合处 | 固定、无松动 |
| 15 | 上下极限开关 | 工作正常 |

4．年度维护保养项目（内容）和要求

年度维护保养项目（内容）和要求除符合表 2-32 的要求外，还应当符合表 2-33 的要求。

表 2-33 年度维护保养项目（内容）和要求

| 序号 | 维护保养项目（内容） | 维护保养基本要求 |
| --- | --- | --- |
| 1 | 减速机润滑油 | 按照制造单位要求适时更换，保证油质符合要求 |
| 2 | 控制柜接触器，继电器触点 | 接触良好 |
| 3 | 制动器铁芯（柱塞） | 进行清洁、润滑、检查，磨损量不超过制造单位要求 |
| 4 | 制动器制动能力 | 符合制造单位要求，保持有足够的制动力，必要时进行轿厢装载 125% 额定载质量的制动试验 |
| 5 | 导电回路绝缘性能测试 | 符合标准 |

续表

| 序号 | 维护保养项目（内容） | 维护保养基本要求 |
| --- | --- | --- |
| 6 | 限速器安全钳联动试验（对于使用年限不超过15年的限速器，每2年进行一次限速器动作速度校验；对于使用年限超过15年的限速器，每年进行一次限速器动作速度校验） | 工作正常 |
| 7 | 上行超速保护装置动作试验 | 工作正常 |
| 8 | 轿厢意外移动保护装置动作试验 | 工作正常 |
| 9 | 轿顶、轿厢架、轿门及其附件安装螺栓 | 紧固 |
| 10 | 轿厢和对重/平衡重的导轨支架 | 固定，无松动 |
| 11 | 轿厢和对重/平衡重的导轨 | 清洁，压板牢固 |
| 12 | 随行电缆 | 无损伤 |
| 13 | 层门装置和地坎 | 无影响正常使用的变形，各安装螺栓紧固 |
| 14 | 轿厢称重装置 | 准确有效 |
| 15 | 安全钳钳座 | 固定，无松动 |
| 16 | 轿底各安装螺栓 | 紧固 |
| 17 | 缓冲器 | 固定，无松动 |

**注：**

1）如果某些电梯没有表中的项目（内容），如有的电梯不含有某种部件，项目（内容）可适当进行调整。

2）维护保养项目（内容）和要求中对测试、试验有明确规定的，应当按照规定进行测试、试验，没有明确规定的，一般为检查、调整、清洁和润滑。

3）维护保养基本要求中，规定为“符合标准值”的，是指符合对应的国家标准、行业标准和制造单位要求。

4）维护保养基本要求，规定为“制造单位要求”的，按照制造单位的要求，其他没有明确的“要求”，应当为安全技术规范、标准或者制造单位等的要求。

### 2.7.2 液压驱动电梯维护保养项目（内容）和要求

1．半月维护保养项目（内容）和要求

半月维护保养项目（内容）和要求见表2-34。

表 2-34　半月维护保养项目（内容）和要求

| 序号 | 维护保养项目（内容） | 维护保养基本要求 |
|---|---|---|
| 1 | 机房环境 | 清洁，室温符合要求，门窗完好，照明正常 |
| 2 | 机房内手动泵操作装置 | 齐全，在指定位置 |
| 3 | 油箱 | 油量、油温正常，无杂质、无漏油现象 |
| 4 | 电动机 | 运行时无异常振动和异常声响 |
| 5 | 层门和轿门旁路装置 | 工作正常 |
| 6 | 阀、泵、消音器、油管、表、接口等部件 | 无漏油现象 |
| 7 | 编码器 | 清洁，安装牢固 |
| 8 | 轿顶 | 清洁，防护栏安全可靠 |
| 9 | 轿顶检修开关、急停开关 | 工作正常 |
| 10 | 导靴上油杯 | 吸油毛毡齐全，油量适宜，油杯无泄漏 |
| 11 | 井道照明 | 齐全，正常 |
| 12 | 限速器各销轴部位 | 润滑，转动灵活，电气开关正常 |
| 13 | 轿厢照明、风扇、应急照明 | 工作正常 |
| 14 | 轿厢检修开关、停止装置 | 工作正常 |
| 15 | 轿内报警装置、对讲系统 | 正常 |
| 16 | 轿内显示、指令按钮 | 齐全，有效 |
| 17 | 轿门防撞击保护装置（安全触板，光幕、光电等） | 功能有效 |
| 18 | 轿门门锁触点 | 清洁，触点接触良好，接线可靠 |
| 19 | 轿门运行 | 开启和关闭工作正常 |
| 20 | 轿厢平层准确度 | 符合标准值 |
| 21 | 层站召唤、层楼显示 | 齐全，有效 |
| 22 | 层门地坎 | 清洁 |
| 23 | 层门自动关门装置 | 正常 |
| 24 | 层门门锁自动复位 | 用层门钥匙打开手动开锁装置释放后，层门门锁能自动复位 |
| 25 | 层门门锁电气触点 | 清洁，触点接触良好，接线可靠 |
| 26 | 层门锁紧元件啮合长度 | 不小于 7mm |

续表

| 序号 | 维护保养项目（内容） | 维护保养基本要求 |
|---|---|---|
| 27 | 底坑 | 清洁，无渗水、积水，照明正常 |
| 28 | 底坑急停开关 | 工作正常 |
| 29 | 液压柱塞 | 无漏油，运行顺畅，柱塞表面光滑 |
| 30 | 井道内液压油管、接口 | 无漏油 |

2．季度维护保养项目（内容）和要求

季度维护保养项目（内容）和要求除符合表2-34的要求外，还应当符合表2-35的要求。

**表2-35　季度维护保养项目（内容）和要求**

| 序号 | 维护保养项目（内容） | 维护保养基本要求 |
|---|---|---|
| 1 | 安全溢流阀（在油泵与单向阀之间） | 其工作压力不得高于满负荷压力的170% |
| 2 | 手动下降阀 | 通过下降阀动作，轿厢能下降；系统压力小于该阀最小操作压力时，手动操作应无效（间接式液压电梯） |
| 3 | 手动泵 | 通过手动泵动作，轿厢被提升；相连接的溢流阀工作压力不得高于满负荷压力的2.3倍 |
| 4 | 油温监控装置 | 功能可靠 |
| 5 | 限速器轮槽、限速器钢丝绳 | 清洁，无严重油腻 |
| 6 | 验证轿门关闭的电气安全装置 | 工作正常 |
| 7 | 轿厢侧靴衬、滚轮 | 磨损量不超过制造单位要求 |
| 8 | 柱塞侧靴衬 | 清洁，磨损量不超过制造单位要求 |
| 9 | 层门、轿门系统中传动钢丝绳、链条、胶带 | 按照制造单位要求进行清洁、调整 |
| 10 | 层门门导靴 | 磨损量不超过制造单位要求 |
| 11 | 消防开关 | 工作正常，功能有效 |
| 12 | 耗能缓冲器 | 电气安全装置功能有效，油量适宜，柱塞无锈蚀 |
| 13 | 限速器张紧轮装置和电气安全装置 | 工作正常 |

3．半年维护保养项目（内容）和要求

半年维护保养项目（内容）和要求除应符合表2-35的要求外，还应当符合表2-36的要求。

表 2-36　半年维护保养项目（内容）和要求

| 序号 | 维护保养项目（内容） | 维护保养基本要求 |
|---|---|---|
| 1 | 控制柜内各接线端子 | 各接线紧固，整齐，线号齐全清晰 |
| 2 | 控制柜 | 各仪表显示正确 |
| 3 | 导向轮 | 轴承部无异常声 |
| 4 | 驱动钢丝绳 | 磨损量、断丝数未超过要求 |
| 5 | 驱动钢丝绳绳头组合 | 螺母无松动 |
| 6 | 限速器钢丝绳 | 磨损量、断丝数不超过制造单位要求 |
| 7 | 柱塞限位装置 | 符合要求 |
| 8 | 上下极限开关 | 工作正常 |
| 9 | 柱塞、消声器放气操作 | 符合要求 |

### 4. 年度维护保养项目（内容）和要求

年度维护保养项目（内容）和要求除应符合表 2-36 的要求外，还应当符合表 2-37 的要求。

表 2-37　年度维护保养项目（内容）和要求

| 序号 | 维护保养项目（内容） | 维护保养基本要求 |
|---|---|---|
| 1 | 控制柜接触器，继电器触点 | 接触良好 |
| 2 | 动力装置各安装螺栓 | 紧固 |
| 3 | 导电回路绝缘性能测试 | 符合标准值 |
| 4 | 限速器安全钳联动试验（每 2 年进行一次限速器动作速度校验） | 工作正常 |
| 5 | 随行电缆 | 无损伤 |
| 6 | 层门装置和地坎 | 无影响正常使用的变形，各安装螺栓紧固 |
| 7 | 轿顶、轿厢架、轿门及附件安装螺栓 | 紧固 |
| 8 | 轿厢称重装置 | 准确有效 |
| 9 | 安全钳钳座 | 固定、无松动 |
| 10 | 轿厢及油缸导轨支架 | 牢固 |
| 11 | 轿厢及油缸导轨 | 清洁，压板牢固 |

续表

| 序号 | 维护保养项目（内容） | 维护保养基本要求 |
|---|---|---|
| 12 | 轿底各安装螺栓 | 紧固 |
| 13 | 缓冲器 | 固定，无松动 |
| 14 | 轿厢沉降试验 | 符合标准值 |

### 2.7.3 杂物电梯日常维护保养项目（内容）和要求

1. 半月维护保养项目、内容和要求

半月维护保养项目、内容和要求见表2-38。

表2-38 半月维护保养项目、内容和要求

| 序号 | 维护保养项目（内容） | 维护保养基本要求 |
|---|---|---|
| 1 | 机房、通道环境 | 清洁，门窗完好、照明正常 |
| 2 | 手动紧急操作装置 | 齐全，在指定位置 |
| 3 | 驱动主机 | 运行时无异常振动和异常声响 |
| 4 | 制动器各销轴部位 | 润滑，动作灵活 |
| 5 | 制动器间隙 | 打开时制动衬与制动轮不应发生摩擦 |
| 6 | 限速器各销轴部位 | 润滑、转动灵活；电气开关正常 |
| 7 | 轿顶 | 清洁 |
| 8 | 轿顶停止装置 | 工作正常 |
| 9 | 导靴上油杯 | 吸油毛毡齐全，油量适宜，油杯无泄漏 |
| 10 | 对重 / 平衡重块及压板 | 对重 / 平衡重块无松动，压板紧固 |
| 11 | 井道照明 | 齐全、正常 |
| 12 | 轿门门锁触点 | 清洁，触点接触良好，接线可靠 |
| 13 | 层站召唤、层楼显示 | 齐全、有效 |
| 14 | 层门地坎 | 清洁 |
| 15 | 层门门锁自动复位 | 用层门钥匙打开手动开锁装置释放后，层门门锁能自动复位 |
| 16 | 层门门锁电气触点 | 清洁，触点接触良好，接线可靠 |
| 17 | 层门锁紧元件啮合长度 | 不小于5mm |

续表

| 序号 | 维护保养项目（内容） | 维护保养基本要求 |
|---|---|---|
| 18 | 层门门导靴 | 无卡阻，滑动顺畅 |
| 19 | 底坑环境 | 清洁，无渗水、积水，照明正常 |
| 20 | 底坑急停开关 | 工作正常 |

### 2. 季度维护保养项目（内容）和要求

季度维护保养项目（内容）和要求除符合表 2-38 的要求外，还应当符合表 2-39 的要求。

**表 2-39 季度维护保养项目（内容）和要求**

| 序号 | 维护保养项目（内容） | 维护保养基本要求 |
|---|---|---|
| 1 | 减速机润滑油 | 油量适宜，除蜗杆伸出端外均无渗漏 |
| 2 | 制动衬 | 清洁，磨损量不超过制造单位要求 |
| 3 | 曳引轮槽、曳引钢丝绳 | 清洁，无严重油腻，张力均匀 |
| 4 | 限速器轮槽、限速器钢丝绳 | 清洁，无严重油腻 |
| 5 | 靴衬 | 清洁，磨损量不超过制造单位要求 |
| 6 | 层门、轿门系统中传动钢丝绳、链条、传动带 | 按照制造单位要求进行清洁、调整 |
| 7 | 层门门导靴 | 磨损量不超过制造单位要求 |
| 8 | 限速器张紧轮装置和电气安全装置 | 工作正常 |

### 3. 半年维护保养项目（内容）和要求

半年维护保养项目（内容）和要求除符合表 2-39 的要求外，还应当符合表 2-40 的要求。

**表 2-40 半年维护保养项目（内容）和要求**

| 序号 | 维护保养项目（内容） | 维护保养基本要求 |
|---|---|---|
| 1 | 电动机与减速机联轴器螺栓 | 无松动，弹性元件外观良好，无老化等现象 |
| 2 | 曳引轮、导向轮轴承部 | 无异常声响，无振动，润滑良好 |
| 3 | 制动器上检测开关 | 工作正常，制动器动作可靠 |

续表

| 序号 | 维护保养项目（内容） | 维护保养基本要求 |
| --- | --- | --- |
| 4 | 控制柜内各接线端子 | 各接线紧固、整齐，线号齐全清晰 |
| 5 | 控制柜各仪表 | 显示正确 |
| 6 | 悬挂装置 | 磨损量、断丝数不超过要求 |
| 7 | 绳头组合 | 螺母无松动 |
| 8 | 限速器钢丝绳 | 磨损量、断丝数不超过制造单位要求 |
| 9 | 对重缓冲距 | 符合标准值 |
| 10 | 上、下极限开关 | 工作正常 |

### 4．年度维护保养项目（内容）和要求

年度维护保养项目（内容）和要求除符合表2-40的要求外，还应当符合表2-41的要求。

**表 2-41　年度维护保养项目（内容）和要求**

| 序号 | 维护保养项目（内容） | 维护保养基本要求 |
| --- | --- | --- |
| 1 | 减速机润滑油 | 按照制造单位要求适时更换，油质符合要求 |
| 2 | 控制柜接触器，继电器触点 | 接触良好 |
| 3 | 制动器铁芯（柱塞） | 分解进行清洁、润滑、检查，磨损量不超过制造单位要求 |
| 4 | 制动器制动弹簧压缩量 | 符合制造单位要求，保持有足够的制动力 |
| 5 | 导电回路绝缘性能测试 | 符合标准值 |
| 6 | 限速器安全钳联动试验（每 5 年进行一次限速器动作速度校验） | 工作正常 |
| 7 | 轿顶、轿厢架、轿门及附件安装螺钉 | 紧固 |
| 8 | 轿厢及对重 / 平衡重导轨支架 | 固定，无松动 |
| 9 | 轿厢及对重 / 平衡重导轨 | 清洁，压板牢固 |
| 10 | 随行电缆 | 无损伤 |
| 11 | 层门装置和地坎 | 无影响正常使用的变形，各安装螺栓紧固 |
| 12 | 安全钳钳座 | 固定，无松动 |
| 13 | 轿底各安装螺栓 | 紧固 |
| 14 | 缓冲器 | 固定，无松动 |

### 2.7.4　自动扶梯与自动人行道维护保养项目（内容）和要求

#### 1．半月维护保养项目（内容）和要求

半月维护保养项目（内容）和要求见表 2-42。

表 2-42　半月维护保养项目（内容）和要求

| 序号 | 维护保养项目（内容） | 维护保养基本要求 |
|---|---|---|
| 1 | 电气部件 | 清洁，接线紧固 |
| 2 | 故障显示板 | 信号功能正常 |
| 3 | 设备运行状况 | 正常，没有异常声响和抖动 |
| 4 | 主驱动链 | 运转正常，电气安全保护装置动作有效 |
| 5 | 制动器机械装置 | 清洁，动作正常 |
| 6 | 制动器状态监测开关 | 工作正常 |
| 7 | 减速机润滑油 | 油量适宜，无渗油 |
| 8 | 电机通风口 | 清洁 |
| 9 | 检修控制装置 | 工作正常 |
| 10 | 自动润滑油罐油位 | 油位正常，润滑系统工作正常 |
| 11 | 梳齿板开关 | 工作正常 |
| 12 | 梳齿板照明 | 照明正常 |
| 13 | 梳齿板梳齿与踏板面齿槽、导向胶带 | 梳齿板完好无损，梳齿板梳齿与踏板面齿槽、导向胶带啮合正常 |
| 14 | 梯级或者踏板下陷开关 | 工作正常 |
| 15 | 梯级或者踏板缺失检测装置 | 工作正常 |
| 16 | 超速或非超速逆转检测装置 | 工作正常 |
| 17 | 检修盖板和楼层板 | 防倾覆或者翻转措施和监控装置有效、可靠 |
| 18 | 梯级链张紧开关 | 位置正确，动作正常 |
| 19 | 防护挡板 | 有效，无破损 |
| 20 | 梯级滚轮和梯级导轨 | 工作正常 |
| 21 | 梯级、踏板与围裙板之间的间隙 | 任何一侧的水平间隙及两侧间隙之和符合标准值 |
| 22 | 运行方向显示 | 工作正常 |

续表

| 序号 | 维护保养项目（内容） | 维护保养基本要求 |
| --- | --- | --- |
| 23 | 扶手带入口处保护开关 | 动作灵活可靠，清除入口处垃圾 |
| 24 | 扶手带 | 表面无毛刺，无机械损伤，运行无摩擦 |
| 25 | 扶手带运行 | 速度正常 |
| 26 | 扶手护壁板 | 牢固可靠 |
| 27 | 上下出入口处的照明 | 工作正常 |
| 28 | 上下出入口和扶梯之间保护栏杆 | 牢固可靠 |
| 29 | 出入口安全警示标志 | 齐全，醒目 |
| 30 | 分离机房、各驱动和转向站 | 清洁，无杂物 |
| 31 | 自动运行功能 | 工作正常 |
| 32 | 紧急停止开关 | 工作正常 |
| 33 | 驱动主机的固定 | 牢固可靠 |

2. 季度维护保养项目（内容）和要求

季度维护保养项目（内容）和要求除符合表 2-42 的要求外，还应当符合表 2-43 的要求。

**表 2-43　季度维护保养项目（内容）和要求**

| 序号 | 维护保养项目（内容） | 维护保养基本要求 |
| --- | --- | --- |
| 1 | 扶手带的运行速度 | 相对于梯级、踏板或者胶带的速度允许偏差为 0～2% |
| 2 | 梯级链张紧装置 | 工作正常 |
| 3 | 梯级轴衬 | 润滑有效 |
| 4 | 梯级链润滑 | 运行工况正常 |
| 5 | 防灌水保护装置 | 动作可靠（雨季到来之前必须完成） |

3. 半年维护保养项目（内容）和要求

半年维护保养项目（内容）和要求除符合表 2-43 的要求外，还应当符合表 2-44 的要求。

表 2-44　半年维护保养项目（内容）和要求

| 序号 | 维护保养项目（内容） | 维护保养基本要求 |
|---|---|---|
| 1 | 制动衬厚度 | 不小于制造单位要求 |
| 2 | 主驱动链 | 清理表面油污，润滑 |
| 3 | 主驱动链链条滑块 | 清洁，厚度符合制造单位要求 |
| 4 | 电动机与减速机联轴器 | 连接无松动，弹性元件外观良好，无老化等现象 |
| 5 | 空载向下运行制动距离 | 符合标准值 |
| 6 | 制动器机械装置 | 润滑，工作有效 |
| 7 | 附加制动器 | 清洁和润滑，功能可靠 |
| 8 | 减速机润滑油 | 按照制造单位的要求进行检查、更换 |
| 9 | 调整梳齿板梳齿与踏板面齿槽啮合深度和间隙 | 符合标准值 |
| 10 | 扶手带张紧度、张紧弹簧负荷长度 | 符合制造单位要求 |
| 11 | 扶手带速度监控器系统 | 工作正常 |
| 12 | 梯级踏板加热装置 | 功能正常，温度感应器接线牢固（冬季到来之前必须完成） |

## 4．年度维护保养项目（内容）和要求

年度维护保养项目（内容）和要求除符合表 2-44 的要求外，还应当符合表 2-45 的要求。

表 2-45　年度维护保养项目（内容）和要求

| 序号 | 维护保养项目（内容） | 维护保养基本要求 |
|---|---|---|
| 1 | 主接触器 | 工作可靠 |
| 2 | 主机速度检测 | 功能可靠，清洁感应面，感应间隙符合制造单位要求 |
| 3 | 电缆 | 无破损，固定牢固 |
| 4 | 扶手带托轮、滑轮群、防静电轮 | 清洁，无损伤，托轮转动平滑 |
| 5 | 扶手带内侧凸缘处 | 无损伤，清洁扶手导轨滑动面 |
| 6 | 扶手带断带保护开关 | 功能正常 |
| 7 | 扶手带导向块和导向轮 | 清洁，工作正常 |
| 8 | 进入梳齿板处的梯级与导轮的轴向窜动量 | 符合制造单位要求 |
| 9 | 内外盖板连接 | 紧密牢固，连接处的凸台、缝隙符合制造单位要求 |

续表

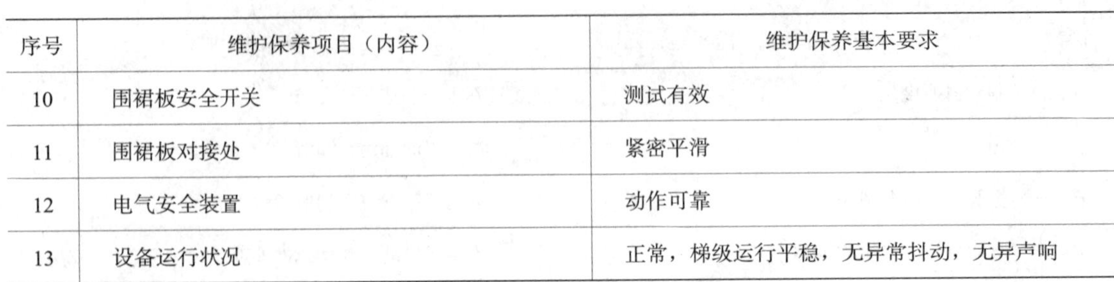

| 序号 | 维护保养项目（内容） | 维护保养基本要求 |
| --- | --- | --- |
| 10 | 围裙板安全开关 | 测试有效 |
| 11 | 围裙板对接处 | 紧密平滑 |
| 12 | 电气安全装置 | 动作可靠 |
| 13 | 设备运行状况 | 正常，梯级运行平稳，无异常抖动，无异声响 |

## 2.8　电梯维修管理

电梯属于危险性大的特种设备之一，其运行状态的正常与否将直接关系到乘客的生命安全，同时影响所在建筑物的使用效率，给人们的生产、生活带来不便。因此，为了保证电梯的安全运行，防止事故发生，充分发挥设备的效率，延长使用寿命，必须对电梯进行定期的维护保养。电梯的日常维护保养一般可分为每天维护保养、每周维护保养和每月、每季维护保养及年度维护保养，而年度维护保养实质上就是电梯的中修。

对一台新安装的电梯在运行 1 年以上、2 年以内的均应进行中修，而在运行 3 ～ 5 年以上的，则应进行大修。但是中修或大修的运行期限规定不是绝对的，因为它还受到允许的每小时启动次数、运行繁忙情况、使用环境的条件（例如电梯周围是否有腐蚀性气体、温度、湿度）等诸多因素的影响。

### 2.8.1　电梯中修

1．电梯的机械部件

1）清洗曳引机蜗轮减速箱和调换减速箱内的齿轮油。

2）调换曳引机蜗杆轴伸出端的石棉盘根或耐油橡胶密封圈。

3）调换曳引机蜗轮减速箱盖与箱体之间的密封垫圈或重新涂抹密封胶。

4）调换电磁制动器闸瓦的石棉制动带，调整闸瓦与制动轮的间隙≤ 0.5m，并使间隙均匀。

5）调整和整修层（轿）门的联动部分，调整更换层（轿）门滑轮及更换门扇下端滑块。

6）调整电磁制动器的制动弹簧压缩力。

7）限速器上卡绳压块的调整或更换。

8）检查和调整轿厢安全钳楔块与导轨之间间隙为 2 ～ 3mm，并使间隙保持均匀一致。

9）检查和调整限速器钢丝绳与安全钳连杆的连接情况，并检查和调整限速器钢丝绳的张紧及伸长状况。

10）调整和调换轿厢、对重的导靴及靴衬。

11）检查和调整曳引钢丝绳的松紧度。若轿厢在最高层的楼层平面位置，对重底部与对重缓冲器顶面之间小于 100mm 时，应截短曳引钢丝绳的伸长部分，使该间距在规定尺寸范围内。

12）检查和调整门刀与层门机械钩子锁滚轮间的啮合状况，并调整锁钩的锁紧啮合状况（使锁钩啮合长度大于或等于 7mm）。

13）调整或更换导靴靴衬，修理导轨上的刻痕，并重新校正导轨。

2．电梯的电气部分

主控制及信号继电器屏上继电器、接触器触点的整修或更换，或更换整个继电器、接触器。

1）检查和拧紧各接触器、继电器上的接线螺栓。

2）检查和调整方向机械联锁的可靠性。

3）检查和调整井道内各限位开关的动作可靠性及其动作位置。

4）检查和更换井道内各磁性开关（或选层器上各种触点），使其工作可靠。

5）检查和更换轿厢操纵箱、各层厅外召唤按钮箱上的按钮元件、开关及电气元件。

6）检查和更换信号指示灯的灯泡及灯座。

7）动力回路和信号照明回路的绝缘电阻的测量和处理。

8）对乘客电梯、集选控制的有 / 无司机电梯，应检查门保护（安全触板、光电保护器或电子接近保护器）和超载、满载控制的动作可靠性。

9）对直流电梯、闭环控制的交流调速电梯应检查和调整测速装置作用可靠性；整修或调换测速发电机的电刷和清除其整流子的炭精粉。

10）对直流电梯的直流电动机和发电机的整流子、电刷进行清洗（用酒精）、整修或更换。

11）检查和调整电梯的启制动舒适感和平层停止准确度。

在上述各项中有 60% ～ 70% 需予以检查、更换和调整的，即可属电梯中修程度。

### 2.8.2 电梯大修

1．曳引机

1）电动机、发电机组与调速机：分解、清洗各部位，检查油封、轴承有无损坏，不能用的应更换。检查直流发电机、电动机、励磁机、测速发电机等的刷握弹簧，清洁换向器，磨损严重的应加工修理或更换。

2）减速箱：分解、清洗，更换损坏的油封、老化的胶圈和磨损的轴承。

3）制动器：拆卸、清洗，更换不能用的闸瓦，组装、调整抱闸间隙，测试线圈绝缘。

4）曳引轮、导向轮：清洗绳轮、检查绳槽磨损情况。

5）曳引钢丝绳：清洁钢丝绳，调整张力，检查绳头组合及断丝、断股、磨损情况，截短或更换不能用的钢丝绳。

2．导轨与对重

清洁轨道、对重，紧固螺栓，检查间距、更换磨损严重的导靴。

3．厅门、轿门的大修

1）轿门与层门：清洗吊门轮、轨道、钢丝绳，更换磨损的吊门轮、门导靴，调整门锁位置，检修联锁接点，调整、清洗安全触板。

2）门机系统：清洗、润滑门机；检查电刷、各开关、电阻，更换损坏元件，调整门机速度及限位开关位置。

4．轿厢导靴与超载装置

分解清洗导靴，更换靴衬、调整间隙；清洗加油盒，更换新油；检查超载装置。

5．控制柜与励磁柜

清洁柜内电气元件，检修电气元器件触点和动作机构，不合格的应更换，整理导线，校对线号，检查各压接线，测量绝缘电阻与接地电阻。

6．操作与显示系统

检查操纵盘按钮、外呼按钮和其他操作开关，层灯、内外选层灯等指示是否正常，损坏应更换。

7．随行电缆及配线

清洁各接线盒，紧固接线端子，更换老化、残损、临时性导线或电缆，校对编号，测量接地电阻和绝缘电阻。

8．安全装置

1）限速系统：清洗限速器与联动机构，加油并紧固各部位螺栓，调整安全钳楔块间隙，更换不合格的开关及其他部件。

2）各安全开关装置：检查调整终端限位开关、各急停开关、安全窗、安全钳、断绳开关、缓冲器复位开关、极限开关、应急照明、井道照明。

3）对重：紧固各螺栓及对重块，检查绳头板。

4）缓冲器：检查蓄能式缓冲器有无裂痕，各部位螺栓是否紧固牢靠，分解清洗蓄能式缓冲器，更换油封，做复位试验。

9．选层器

1）机械选层器传动部分解体、清洗加油，更换拽长的链条。

2）检查钢带轮、张紧轮轴承，磨损严重的应更换。

3）检查挡板导靴、随线、触头、触块，不合格的应更换。

4）检查钢带有无断齿、开裂，不合用的应更换。

5）更换电气选层装置不合用的感应器元件。

10．油饰

对电梯的预埋件、支架、缓冲器、槽钢梁、线槽、线盒等除锈，涂防锈漆。对油漆脱落的选层器、限速器、厅门、轿厢壁喷漆。

11．运行调试

对电梯运行性能做综合调试，包括启动、制动、变速、平层，各种电压、电流值及舒适感等以及电梯运行状态应达到下述要求：

1）启动、制动时间适宜，符合设计要求。

2）变速准确，平层准确度符合规定。

3）轿厢垂直振动加速度不大于250mm/s$^2$，水平振动加速度不大于150mm/s$^2$。

4）电梯运行平稳、乘坐舒适，处于良好状态。

12．填写大修记录

大修记录的内容如下：

1）参加大修人员的姓名、大修日期。

2）检修内容，更换器件名称、数量。

3）调整部位，调整前后的技术数据、参数整定值。

4）测试数据、线路变更详细内容及变更前后的图纸。

5）大修图纸、记录都应入档备案。

### 2.8.3 电梯大修后的检验

1. 元器件

所有更换的设备、元器件必须有合格证书，其性能规格与元器件相当，且安装后与相关设备匹配良好。

检验方法：核查资料。

2. 电动机

电动机应达到《交流电梯电动机通用技术条件》（GB/T 12974—2012）与《交流电梯电动机通用技术条件　第2部分：永磁同步电动机》（GB/T 12974.2—2014）相关电动机技术标准的要求。三相异步电动机定子绕组的绝缘电阻在热状态时或热试验后，单速电动机应不低于0.69MΩ，多数电动机应不低于0.38MΩ，永磁同步电动机的绝缘电阻在热状态时或热试验后，单速电动机应不低于0.5MΩ。

检验方法：绝缘电阻用兆欧表测量。

3. 制动器

制动器应达到《电梯制造与安装安全规范》（GB 7588—2003）国家标准第1号修改单的要求，当轿厢载有125%额定载荷并以额定速度向下运行时，操作制动器应能使曳引机停止运转。

检验方法：电梯进行125%额定载荷的制动试验合格。

4. 安全钳-限速器系统

清洗修理后的限速器应进行动作速度校核，操纵轿厢安全钳的限速器的动作应发生在速度至少等于额定速度的115%，但应小于下列各值：

1）对于除了不可脱落滚柱式以外的瞬时式安全钳为6.8m/s。

2）对于不可脱落滚柱式瞬时式安全钳为1m/s。

3）对于额定速度小于或等于1m/s的渐进式安全钳为1.5m/s。

4）对于额定速度大于1m/s的渐进式安全钳为$1.25v+\frac{0.25}{v}$ m/s。

**注：**对于额定速度大于1m/s的电梯，建议选用上述第4）条规定的速度值。

检验方法：电梯进行安全钳-限速器试验合格。

5．曳引钢丝绳或绳头组合

钢丝绳的型号规格应与原绳一致，绳头组合及轿厢、对重的缓冲距应符合标准要求。

检验方法：查核钢丝绳的规格和合格证。

6．轿厢架和轿厢

应不增加轿厢质量，所有的连接应牢固。相关尺寸应符合标准，如轿厢地坎与层门地坎间距、轿厢与对重部件距离、门刀与门锁轮的啮合及与层门地坎的距离均应符合标准。

7．控制柜

控制柜元器件安装和电线连接牢固，线路清晰；横平竖直、整洁美观，有与资料一致的代号和线号。绝缘电阻符合标准要求，有 PE 线连接。

大修中如进行了全面的调整清洗并进行了多项的修理和更换，可能会涉及电梯的全面功能和性能时，除有关项目的检验外，应同交付前检验一样，进行整机的功能性能检验。

# 第 3 章　电梯主要部件报废技术条件

当前，我国在用电梯数量较大，其生产量、保有量、年增长量均为世界第一。近年来，电梯事故造成的人员伤亡事件多有发生，这对电梯的及时维护与保养提出了更高的要求；电梯部件功能退化给电梯使用带来的安全风险日益严峻，这已受到社会各方面的关注。受设计制造、安装、维护保养和使用等多种因素的影响，电梯整机的使用寿命存在很大差异，难以制定电梯整机的判废标准。同时，老旧电梯的改造和升级，耗资巨大且管理困难，也是相关部门非常“头疼”的一件事。

鉴于此，通过制定电梯主要部件报废技术条件，进行报废与否的判定，再决定电梯整机是否需要报废，是提高在用电梯安全性的可行途径，同时，兼顾了经济性和科学性。中华人民共和国国家质量监督检验检疫总局在 2015 年 7 月 3 日发布了《电梯主要部件报废技术条件》（GB/T 31821—2015），于 2016 年 2 月 1 日实施，标准规定的主要部件包括部分对电梯安全运行影响较大的部件，未包括日常维护中经常维护的易损部件、采用新技术及在电梯中应用较少的部件等。本标准在编制时，主要考虑设备本身的失效或不正常可能导致的剪切、挤压、坠落、撞击、被困、电击等危险，而不考虑因环境、土建工程等外部因素影响而导致的设备出现上述危险状态。在报废技术条件中主要考虑了设备的机械损伤、非正常磨损、锈蚀、材料老化等失效模式。

## 3.1　驱动主机主要部件报废条件

### 3.1.1　电动机

电动机出现下列情况之一时，视为达到报废技术条件。

1）电动机外壳或基座有影响安全的破裂。

电动机外壳或基座作为主要受力部件，若电动机外壳或基座受力处存在破裂，即存在以下几个方面的安全隐患：

① 异物侵入电动机内部，造成电动机短路。

② 外壳裂纹切断内部电路，或与电动机内部电路接触造成漏电。

③ 电动机尤其是永磁同步电动机承载电梯轿厢与对重质量，外壳或基座破裂易导致承载失效，引发安全事故。因此不能继续使用，应该立即报废。

2）电动机轴承出现碎裂或影响运行的磨损。

3）电动机定子与转子发生碰擦。

4）电动机定子的温升或绝缘不符合《电梯曳引机》（GB/T 24478—2009）中 4.2.1.2 的要求。

5）电动机绝缘电阻不符合《电梯制造与安装安全规范》（GB 7588—2003）中 13.1.3 的要求。

电动机的上述失效情况容易导致的安全隐患：

① 电动机绝缘失效，引起绝缘击穿，造成人员触电。

② 产生电磁干扰，影响电梯正常运行。因此不能继续使用，应立即报废。

6）永磁同步电动机磁钢出现严重退磁，导致在《电梯制造与安装安全规范》（GB 7588—2003）中 14.2.5.2 要求的载质量范围内不能全行程运行。

7）永磁同步电动机磁钢脱落。

永磁同步电动机在磁钢脱落情况下，存在以下几点安全隐患：

① 电动机将无法正常运行。

② 造成摩擦，使电动机内部温度升高，加速磁钢退磁。

③ 运行中发生撞击，产生噪声。

④ 减弱磁场强度，影响电动机扭矩。

⑤ 造成转子卡死，使电动机烧毁。因此不能继续使用，应立即报废。

### 3.1.2　减速箱

减速箱出现下列情况之一时，视为达到报废技术条件。

1）蜗轮副、斜齿轮、行星齿轮出现影响安全运行的轮齿塑性变形、折断、裂纹、齿面点蚀、胶合或磨损等形式的严重失效。

减速箱的上述失效情况容易导致的安全隐患：

① 轮齿不能正确啮合，造成传动失真，产生振动与噪声。

② 轮齿间摩擦增大，导致减速箱油温升高。

③ 轮齿无法啮合，造成减速箱卡阻，无法工作。

一旦蜗轮副、斜齿轮、行星齿轮出现以上情况，会出现减速箱传动失效情况。因此不能继续使用，应立即报废。

2）传动轴、轴承或键出现影响安全运行的损坏。

3）减速箱体出现裂纹。

4）减速箱渗漏油不符合《电梯曳引机》（GB/T 24478—2009）中 4.2.3.8 的要求。

根据《电梯曳引机》（GB/T 24478—2009）的规定，有齿轮曳引机的箱体分割面、观察窗（孔）盖等处应紧密连接，不允许渗漏油。电梯正常工作时减速箱轴伸出端每小时渗漏油面积不超 $25cm^2$。减速箱润滑油泄漏，润滑油不足，造成齿轮磨损加剧和减速箱温度急剧上升，严重影响蜗轮副、轴承等被润滑件的寿命，因此，不能继续使用，应立即报废。

### 3.1.3 制动器

制动器制动力矩应符合《电梯制造与安装安全规范》（GB 7588—2003）中 12.4.2 的要求，且响应时间应符合《电梯曳引机》（GB/T 24478—2009）中 4.2.2.3 的要求。制动器出现下列情况之一时，视为达到报废技术条件：

1）电梯运行时，制动器的制动衬块（片）与制动轮（盘）不能完全脱离：当电梯运行时制动衬块（片）会长时间与制动轮（盘）摩擦导致制动衬块（片）异常发热、严重磨损，制动力下降，使制动器无法提供足够的制动力矩。因此，不能继续使用，应立即报废。

2）制动衬块（片）严重磨损或制动弹簧失效，导致制动力不足：制动衬块（片）严重磨损或制动弹簧失效时，制动器的制动衬块（片）与制动轮（盘）无法产生足够的压力，使制动器无法提供足够的制动力矩。因此，不能继续使用，应立即报废。

3）受力结构件（如制动臂、销轴等）出现裂纹或严重磨损：结构件严重磨损容易导致制动力传递机构动作偏离设计，造成制动时间不满足《电梯曳引机》（GB/T 24478—2009）中 4.2.2.3 的要求，制动力矩不满足《电梯制造与安装安全规范》（GB 7588—2003）中 12.4.2 的要求；结构件裂纹容易使受力结构件在制动过程中发生断裂，使制动器无法提供足够的制动扭矩。因此，受力结构件出现裂纹或严重磨损时不能继续使用，应立即报废。

4）制动器电磁线圈铁芯动作异常，出现卡阻现象：制动器电磁线圈铁芯是制动器的主要动作部件，若发生动作异常、甚至卡阻现象会直接影响到制动器动作响应时间、制动器吸合释放电压、制动力矩等性能参数。因此，不能继续使用，应立即报废。

5）制动器电磁线圈防尘件破损。

6）制动器绝缘电阻不符合《电梯制造与安装安全规范》（GB 7588—2003）中 13.1.3 的要求：制动器发生绝缘击穿，造成漏电；制动器电磁铁动作异常，导致制动时间不足。按照《电梯曳引机》（GB/T 24478—2009）中 4.2.2.3 的要求，制动器断电动作滞后时间不超过 0.5s。

### 3.1.4　曳引轮

曳引轮出现下列情况之一时，视为达到报废技术条件：

1）绳槽磨损造成曳引力不符合《电梯制造与安装安全规范》（GB 7588—2003）中 9.3a）或 9.3b）的要求：摩擦力为曳引式电梯的基本驱动力，如果曳引力不足可能会造成电梯在运行过程中打滑，容易造成轿厢墩底和冲顶现象。打滑还会对钢丝绳与曳引轮造成严重伤害。如果下行侧的紧急制停减速度达到甚至超过了 9.8m/s$^2$，那么其上行一侧将会处于竖直上抛状态，容易造成轿厢冲顶。

2）绳槽有缺损或不正常磨损。绳槽缺损或不正常磨损主要考虑以下安全隐患：无法提供足够的曳引力；加速曳引轮、钢丝绳磨损；切割钢丝绳，造成钢丝绳断丝断股。因此不能继续使用，应立即报废。

3）出现裂纹。曳引轮是主要受力部件，若出现裂纹，主要考虑以下安全隐患：

① 断裂缺口部分切割钢丝绳，造成钢丝绳断丝或断股。

② 曳引轮断裂，造成钢丝绳从绳槽脱落。因此，不能继续使用，应立即报废。

曳引轮常见磨损现象如图 3-1 和图 3-2 所示。

图 3-1　曳引轮磨损——曳引轮直径不同

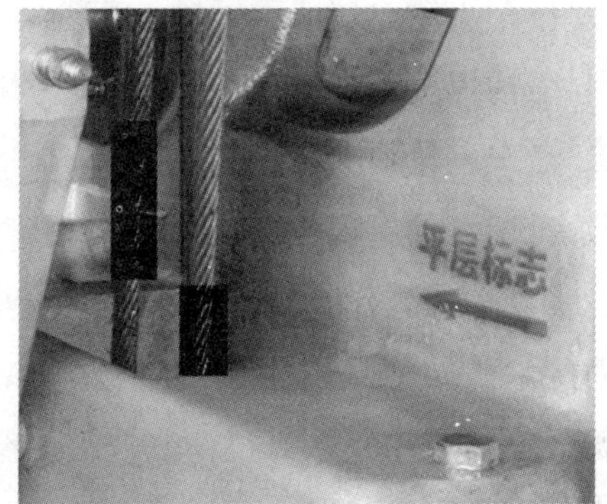


图 3-2　曳引轮磨损——曳引绳上的平层标志错位

### 3.1.5　卷筒

卷筒出现下列情况之一时，视为达到报废技术条件：

1）绳槽有缺损或不正常磨损。

2）出现裂纹。

卷筒的安全隐患与曳引轮的安全隐患近似，如发生磨损或裂纹应立即报废。

## 3.2 紧急救援装置主要部件报废条件

### 3.2.1 手动松闸装置

手动松闸装置出现下列情况之一时，视为达到报废技术条件：

1）制动器扳手出现严重变形或裂纹。

2）制动器扳手组件出现严重锈蚀、变形或裂纹。

3）松闸钢丝绳严重锈蚀、卡阻或断裂。

手动松闸装置作为紧急救援装置在紧急情况下需要确保其能正常使用，规范要求维护保养外观检查或定期检验，如制动器扳手出现严重变形或裂纹，制动器扳手组件出现严重锈蚀、变形或裂纹，松闸钢丝绳严重锈蚀、卡阻或断裂，会影响正常使用，甚至会造成救援过程中发生事故，因此，需要报废。这些隐患在现场可以通过目测发现。

### 3.2.2 手动盘车装置

手动盘车装置出现下列情况之一时，视为达到报废技术条件：

1）盘车手轮出现严重锈蚀、变形、裂纹或缺损。

2）结构焊接部位出现裂纹。

3）盘车齿轮副啮合失效。

4）盘车齿轮出现裂纹或断齿。

手动盘车装置作为紧急救援装置在紧急情况下需要确保其能正常使用，《电梯主要部件报废技术条件》（GB/T 31821—2015）中要求维护保养外观检查或定期检验，如盘车手轮出现严重锈蚀、变形、裂纹或缺损，结构焊接部位出现裂纹，盘车齿轮副啮合失效，盘车齿轮出现裂纹或断齿，会影响正常使用，甚至会造成救援过程中发生事故，因此需要报废。这些隐患在现场可以通过目测发现。

### 3.2.3 紧急电源装置

紧急电源装置出现下列情况之一时，视为达到报废技术条件：

1）蓄电池出现漏液。

2）蓄电池无法充电。

3）充电后蓄电池电压低于正常工作电压。

4）充电后蓄电池电量不满足轿厢移动距离要求。

紧急电源装置作为紧急救援装置在紧急情况下需要确保其能正常使用，维护保养人员应定期进行外观检查或定期检验，如电池漏液、电压过低、不能满足轿厢移动距离要求等现象，会影响正常使用，容易发生事故，因此需要报废。

### 3.2.4　液压盘车装置

1. 液压管路

（1）液压硬管

液压硬管出现下列情况之一时，视为达到报废技术条件：

① 严重腐蚀、变形或漏油。

② 管接头漏油。

（2）液压软管

液压软管出现下列情况之一时，视为达到报废技术条件：

① 管接头漏油。

② 软管表面破损、老化或开裂，钢丝编织层破损或钢丝穿透胶层。

2. 液压泵站

1）电动机线圈出现短路、断路、接地或烧毁，视为达到报废技术条件。

2）潜油泵出现外壳破裂、主螺杆断裂或壳体内腔磨损，视为达到报废技术条件。

3）阀组出现下列情况之一时，视为达到报废技术条件。

① 阀体开裂。

② 阀组功能失效。

③ 漏油。

4）手动泵功能失效，视为达到报废技术条件。

5）截止阀手柄断裂、阀芯磨损导致泄漏，视为达到报废技术条件。

6）液压油出现下列情况之一时，视为达到报废技术条件：

① 进水、浑浊或乳化。

② 高温氧化导致油液发黑或油泥析出。

7）油箱严重锈蚀、变形或破损，视为达到报废技术条件。

3．液压马达

液压马达结构出现裂纹、变形，或齿轮出现变形、断齿、裂纹，视为达到报废技术条件。

液压马达作为液压电梯的重要部件，《电梯主要部件报废技术条件》（GB/T 31821—2015）中要求维护保养外观检查或定期检验，如出现裂纹、变形，或齿轮出现变形、断齿、裂纹，会影响液压马达的正常使用，存在很大的安全隐患，因此需要报废处理。这些隐患在现场可以通过目测发现。

# 3.3 悬挂装置主要部件报废条件

在正常使用情况下，如有一根曳引钢丝绳（或扁平复合曳引钢带）报废，应更换整台电梯的曳引钢丝绳（或扁平复合曳引钢带）。进行钢丝绳更换时，如果不全部更换，则会由于钢丝绳间的张力差异造成曳引轮加速磨损。

## 3.3.1 曳引钢丝绳和液压电梯悬挂钢丝绳

曳引钢丝绳和液压电梯悬挂钢丝绳出现下列情况之一时，视为达到报废技术条件：

1）断丝：钢丝绳外层绳股在一个捻距内断丝总数大于表 3-1 的规定；断丝引起的安全隐患包括：因钢丝绳与曳引轮接触，造成钢丝绳间互相挤压，使断丝钢丝绳断裂切口不断切割邻近钢丝，造成钢丝绳断丝速度增加；降低运行安全系数；钢丝运行绳截面圆度劣化，造成曳引轮绳槽非正常磨损。

**表 3-1　一个捻距内允许最多断丝数**

| 断丝的形式 | 钢丝绳类型 | | |
|---|---|---|---|
| | 6×19 | 8×19 | 9×19 |
| 均布在外层绳股上 | 24 | 30 | 34 |
| 集中在一根或两根外层绳股上 | 8 | 10 | 11 |
| 一根外层绳股上相邻的断丝 | 4 | 4 | 4 |
| 股谷（缝）断丝 | 1 | 1 | 1 |

注：上述断丝数的参考长度为一个捻距，约为 6*d*（*d* 表示钢丝绳公称直径）。

2）绳径减小：因磨损、拉伸、绳芯损坏或腐蚀等原因导致钢丝绳直径小于或等于公称直径的90%。绳径减小主要考虑以下安全隐患：

① 钢丝绳绳芯损坏容易造成钢丝绳润滑不足，加剧钢丝绳与曳引轮间磨损。

② 钢丝绳直径与曳引轮槽直径不匹配，造成钢丝绳当量摩擦系数增加，电梯滞留工况无法满足；钢丝绳与切口槽不匹配，造成钢丝绳比压增大，容易加大钢丝绳的磨损速度。

3）变形或损伤：钢丝绳出现笼状畸变、绳股挤出、扭结、部分压扁或弯折。变形或损伤主要考虑以下安全隐患：

① 钢丝绳的上述变形和损伤，导致钢丝绳内部应力分布不均匀，加速钢丝绳的进一步损坏和变形。

② 对曳引轮和滑轮造成损伤并加速其损坏，因此不能继续使用，应该立即报废。

这些损伤模式在现场可以通过目测发现。

4）锈蚀：钢丝绳严重锈蚀，铁锈填满绳股间隙。钢丝绳锈蚀主要考虑以下安全隐患：钢丝绳严重锈蚀时，其机械性能降低，钢丝直径变细，股间松动，容易引发脆性断裂。

### 3.3.2　强制驱动电梯钢丝绳

强制驱动电梯钢丝绳报废技术条件见《起重机 钢丝绳 保养、维护、检验和报废》（GB/T 5972—2016）中3.5的要求。

### 3.3.3　扁平复合曳引钢带

1）扁平复合曳引钢带出现下列情况之一时，视为达到报废技术条件：

① 钢带出现裂纹、压痕、弯折、穿刺、凹陷或鼓包。

② 钢带中任意一个绳股断裂。

③ 钢带表面因磨损或外力损坏露出内部钢丝。

④ 钢带出现严重锈蚀。

⑤ 钢带曳引力不符合《电梯制造与安装安全规范》（GB 7588—2003）中9.3a）或9.3b）的要求。

2）钢带存在上述缺陷如继续使用，主要存在下述风险：

① 会导致曳引钢带的强度不足，存在钢带在使用过程中突然断裂的可能，造成轿厢

坠落的严重后果。

② 影响钢带与曳引轮之间的配合，存在加速配合表面的磨损或机械损伤，导致设备过快损坏。

③ 造成曳引力不足，存在轿厢溜车的风险。

因此当曳引钢带出现上述缺陷不能继续使用时，应报废。

### 3.3.4 端接装置

端接装置出现下列情况之一时，视为达到报废技术条件：

① 锥套、楔形套、楔块或拉杆出现裂纹。

② 楔形套无法锁紧或固定。

③ 螺纹失效。

④ 弹簧出现断裂、永久变形或压并圈。

⑤ 严重锈蚀。

⑥ 复合材料弹性部件老化、开裂。

端接装置复合材料弹性部件丧失缓冲能力，造成钢丝绳间张力差变大，可能导致钢丝绳从绳槽中脱落，或加速钢丝绳与曳引轮磨损。

### 3.3.5 滑轮

滑轮（如反绳轮、导向轮）出现下列情况之一时，视为达到报废技术条件：

① 绳槽严重磨损：滑轮绳槽严重磨损容易加快钢丝绳的磨损或导致钢丝绳从绳槽中脱落。

② 绳槽缺损或不正常磨损。

③ 轮毂与轴承、轴与轴承出现明显滑移、间隙或位移。

④ 出现裂纹。

⑤ 非金属材料轮出现严重变形或老化龟裂：滑轮非金属材料轮出现严重变形或老化龟裂主要存在以下安全隐患：

a. 容易导致钢丝绳从绳槽中脱落，并与其他部件产生摩擦，造成钢丝绳表面断丝或断股；

b. 运行中产生严重抖动，影响乘坐舒适感，可能因冲击力加速钢丝绳与曳引轮磨损，并可能导致钢丝绳从曳引轮槽中脱落。

## 3.4　补偿装置主要部件报废条件

### 3.4.1　补偿链（缆）及导向装置

补偿链（缆）及导向装置出现下列情况之一时，视为达到报废技术条件：

① 全包覆型补偿链（缆）表面包裹材料出现脱落、严重开裂或磨损，会导致补偿链（缆）由于包裹材料的损坏而生锈，使补偿链（缆）进一步损坏，因此不能继续使用，应该报废。

② 补偿链（缆）导向装置滚轮变形、缺损、严重磨损或出现卡阻。

③ 链环表面有严重的锈蚀或脱焊，存在破断风险。

### 3.4.2　补偿绳及张紧装置

1. 补偿钢丝绳

补偿钢丝绳报废技术条件同 3.3.1 节。

2. 补偿绳端接装置

补偿绳端接装置报废技术条件同 3.3.4 节。

3. 张紧轮

张紧轮报废技术条件同 3.3.5 节。

## 3.5　轿厢系统主要部件报废条件

### 3.5.1　轿架

轿架存在下列情况之一时，视为达到报废技术条件：

① 轿架变形导致轿底倾斜大于其正常位置 5%。

② 轿架严重变形，导致导靴或安全钳不能正常工作。

③ 轿架出现脱焊或材料开裂，影响电梯安全运行。

④ 轿架严重腐蚀，主要受力构件断面壁厚腐蚀达设计厚度的 10%。

### 3.5.2 轿壁、轿顶和轿底

轿壁、轿顶和轿底存在下列情况之一时，视为达到报废技术条件：

① 轿壁、轿顶严重锈蚀穿孔或破损穿孔，孔的直径大于 10mm。

② 轿壁、轿顶严重变形或破损，加强筋脱落。

③ 轿壁的强度不符合《电梯制造与安装安全规范》（GB 7588—2003）中 8.3.2.1 的要求。

④ 轿底严重变形、开裂、锈蚀或穿孔。

⑤ 玻璃轿壁、轿顶出现裂纹：《建筑用安全玻璃第 3 部分：夹层玻璃》（GB 15763.3—2009）中 6.1.3 规定“裂口：不允许存在”。玻璃轿壁、轿顶裂口，一方面影响电梯的美观，另一方面在裂口处应力集中，降低玻璃轿壁、轿顶强度。因此不能继续使用，应该立即报废。以上可通过目测发现。

## 3.6 对重（平衡重）系统主要部件报废条件

### 3.6.1 对重（平衡重）架

对重（平衡重）架出现下列情况之一时，视为达到报废技术条件：

① 对重（平衡重）架出现严重变形，导致导靴或对重（平衡重）安全钳不能正常工作。

② 对重（平衡重）架直梁、底部横梁发生变形，不能保证对重（平衡重）块在对重（平衡重）架内的可靠固定。

③ 对重（平衡重）架严重腐蚀，主要受力构件断面壁厚腐蚀达设计厚度的 10%。

### 3.6.2 对重（平衡重）块

对重（平衡重）块出现下列情况之一时，视为达到报废技术条件：

① 对重（平衡重）块出现开裂、严重变形或断裂。

② 对重（平衡重）块外包材料出现破损且内部材质可能向外裸露。

## 3.7　层门和轿门系统主要部件报废条件

### 3.7.1　机械强度

层门和轿门强度不符合《电梯制造与安装安全规范》(GB 7588—2003) 中 7.2.3 或 8.6.7 的要求，视为达到报废技术条件。

### 3.7.2　门扇

门扇出现下列情况之一时，视为达到报废技术条件：

① 门扇严重锈蚀穿孔或破损穿孔。

② 门扇背部加强筋脱落。

③ 门扇严重变形，不符合《电梯制造与安装安全规范》(GB 7588—2003) 中 7.1 或 8.6.3 的要求。

④ 门扇外包层脱离（落），导致开关门受阻或门扇强度不符合《电梯制造与安装安全规范》(GB 7588—2003) 中 7.2.3 或 8.6.7 的要求。

⑤ 玻璃门扇出现裂纹或玻璃门扇边缘出现锋利缺口。

⑥ 玻璃固定件不符合《电梯制造与安装安全规范》(GB 7588—2003) 中 7.2.3.3 的要求。

### 3.7.3　层门门套

层门门套出现下列情况之一时，视为达到报废技术条件：

① 层门门套严重变形，与门扇间隙不符合《电梯制造与安装安全规范》(GB 7588—2003) 中 7.1 或 8.6.3 的要求。

② 层门门套严重锈蚀。

### 3.7.4　地坎及其支架

1. 地坎

地坎出现下列情况之一时，视为达到报废技术条件：

① 地坎变形，与门扇间隙不符合《电梯制造与安装安全规范》(GB 7588—2003) 中 7.1

或 8.6.3 的要求。

② 地坎变形使层门地坎与轿厢地坎水平距离大于 35mm。

③ 地坎滑槽变形，影响门扇正常运行或导致门导靴脱轨。

④ 地坎出现断裂、开焊、严重磨损或腐蚀，影响层门和轿门正常工作。

2. 地坎支架

地坎支架严重变形或腐蚀，影响地坎正常使用，视为达到报废技术条件。

### 3.7.5 导向装置和门悬挂机构

导向装置和门悬挂机构出现下列情况之一时，视为达到报废技术条件：

① 有裂纹或活动部件不灵活；

② 严重磨损、变形或脱焊。

导向装置和门悬挂机构不仅要承载门扇等载荷，还对门扇具有导向作用。导向装置和门悬挂机构出现裂纹会影响其强度和承载能力，导致门扇脱落；其活动部件不灵活容易卡阻门扇的运行，导致电梯不能正常运行；导向装置和门悬挂机构严重磨损、变形或脱焊，容易导致门扇脱轨、脱槽和坠落。导向装置和门悬挂机构的上述失效容易导致门扇的不正常，是电梯安全运行的重点风险，因此视为报废。

### 3.7.6 门机

门机出现下列情况之一时，视为达到报废技术条件：

① 开启轿门的力不符合《电梯制造与安装安全规范》（GB 7588—2003）中 8.11.2 或 8.11.3 的要求。

② 动力驱动的水平滑动门阻止关门力不符合《电梯制造与安装安全规范》（GB 7588—2003）中 8.7.2.1.1 的要求。

③ 绝缘电阻不符合《电梯制造与安装安全规范》（GB 7588—2003）中 13.1.3 的要求。

当开启轿门的力和阻止关门力不符合要求时，一是导致轿厢在运行过程中可能扒开门扇，造成坠落的危险，或在开锁区域内影响电梯正常开、关门；二是水平滑动门阻止关门力过大容易造成人员夹伤风险；三是绝缘电阻不符合要求容易造成人员触电危险。因此在这种情况下，门机不能继续使用，应该立即报废。这些损坏可通过故障现象和测量仪器发现。

## 3.8　检修门、井道安全门和活板门系统主要部件报废条件

检修门、井道安全门和活板门出现下列情况之一时，视为达到报废技术条件：

① 门扇严重锈蚀、穿孔。

② 门扇严重变形，不符合《电梯制造与安装安全规范》（GB 7588—2003）中 5.2.2.3 的要求。

③ 门锁及周边出现锈蚀，导致门锁无法可靠固定。

## 3.9　导轨和导靴系统主要部件报废条件

### 3.9.1　T 型导轨

T 型导轨出现下列情况之一时，视为达到报废技术条件：

① 出现永久变形，影响电梯正常运行。

② 导轨工作面严重损伤，影响电梯正常运行。

③ 出现严重锈蚀现象。

### 3.9.2　空心导轨

空心导轨出现下列情况之一时，视为达到报废技术条件：

① 出现永久变形，影响电梯正常运行。

② 防腐保护层出现起皮、起瘤或脱落。

③ 出现严重锈蚀现象。

④ 严重磨损，对重（平衡重）存在脱轨风险。

### 3.9.3　导靴

导靴出现下列情况之一时，视为达到报废技术条件：

① 出现开裂。

② 出现永久变形，影响电梯正常运行，或对重（平衡重）存在脱轨风险。

## 3.10 安全保护装置系统主要部件报废条件

### 3.10.1 门锁装置

门锁装置出现下列情况之一时，视为达到报废技术条件：

① 门锁机械结构变形，导致不能保证 7mm 的最小啮合深度。

② 出现裂纹、锈蚀或旋转部件不灵活。

③ 门锁触点严重烧蚀造成接触不良，影响电梯正常开、关门。

### 3.10.2 门入口保护装置

门入口保护装置出现下列情况之一时，视为达到报废技术条件：

① 保护功能失效。

② 保护装置出现破损或严重变形。

门入口保护装置是重要的安全保护装置，其功能失效或出现破损和严重变形容易导致乘客被夹伤。因此，门入口保护装置出现以上报废技术条件，不能继续使用，应报废。

### 3.10.3 限速器及其张紧装置

1. 限速器

限速器出现下列情况之一，视为达到报废技术条件：

① 限速器轴承损坏导致限速器轮转动不灵活。

② 限速器动作时，限速器绳的提拉力不符合《电梯制造与安装安全规范》（GB 7588—2003）中 9.9.4 的要求。

③ 限速器电气动作速度和机械动作速度不符合《电梯制造与安装安全规范》（GB 7588—2003）中 9.9.1 或 9.9.3 的要求。

④ 限速器座变形。

限速器轴承损坏往往会导致限速器轮转动不灵活或出现卡阻，并进一步造成限速器—

安全钳的误动作，影响乘客和设备的安全；限速器绳槽磨损或夹块失效等造成提拉力不足，会导致在紧急情况下不能有效提起安全钳，造成轿厢墩底和冲顶的危险；限速器的动作速度不符合要求，会造成限速器在正常情况下误动作或在紧急情况下不动作；限速器座变形会导致限速器固定不可靠，并使限速器的提拉力和动作速度不正常。因此限速器出现以上故障时不能继续使用，应报废。这些损坏可通过目测、计量工具测量、故障现象和测量仪器发现。

2．张紧装置

张紧装置出现下列情况之一时，视为达到报废技术条件：

① 张紧轮变形或开裂。

② 张紧轮轴承损坏。

③ 张紧轮绳槽缺损或严重磨损。

④ 张紧装置的机械结构严重变形。

3．限速器钢丝绳

限速器钢丝绳报废技术条件同 3.3.1 节。

### 3.10.4　安全钳及提拉装置

1．安全钳

安全钳出现下列情况之一时，视为达到报废技术条件：

① 安全钳钳体、夹紧件（楔块或滚柱等）出现裂纹或严重塑性变形。

② 夹紧件出现磨损或锈蚀，无法有效制停轿厢或对重（平衡重）。

③ 弹性部件出现塑性变形，无法有效制停轿厢或对重（平衡重）。

④ 导向件出现变形或脱落，钳块无法正常动作、有效制停轿厢或对重（平衡重）。

安全钳通过钳块将被提拉夹在导轨上，从而制停轿厢或对重。安全钳动作时，钳体承受较大的张力，夹紧件承受一定的压力。安全钳钳体、夹紧件（楔块或滚柱等）出现裂纹或严重塑性变形容易导致安全钳动作时钳体破裂等现象，导致不能有效制停轿厢；夹紧件出现磨损或锈蚀、弹性部件出现塑性变形、导向件出现变形或脱落等现象，会导致夹紧件和导轨的间隙过大、夹紧力不足，无法有效制停轿厢或对重，存在重大安全隐患。

2．提拉装置

提拉装置锈蚀、变形、开裂、卡阻或螺纹失效等，不能有效提拉安全钳或提拉装置不能复位，视为达到报废技术条件。

### 3.10.5 超载装置及安全开关

1. 超载装置

电梯轿厢出现《电梯制造与安装安全规范》（GB 7588—2003）中 14.2.5.2 所述超载时，超载装置不能发出正确信号，导致不能防止电梯正常启动或再平层，视为达到报废技术条件。

2. 安全开关

安全开关出现下列情况之一时，视为达到报废技术条件：

① 驱动安全触点的结构失效。

② 安全触点复位失效。

③ 触点烧灼或接触不良。

④ 出现严重锈蚀。

触发安全开关的机械装置失效时，视为达到报废技术条件。

### 3.10.6 上行超速保护装置及缓冲器

1. 上行超速保护装置

（1）速度监控装置

当速度监控装置为限速器时，其报废技术条件同 3.10.3 节。

（2）减速元件

1）作用于钢丝绳系统的减速元件。

夹绳器或作用于悬挂绳的其他减速元件出现下列情况之一时，视为达到报废技术条件：

① 触发联动机构损坏。

② 钳体或制动弹簧出现塑性变形、裂纹或断裂。

③ 夹紧件出现严重磨损或锈蚀，导致不符合《电梯制造与安装安全规范》（GB 7588—2003）中 9.10.1 的要求。

④ 复位装置损坏。

2）作用于轿厢或对重的减速元件。

上行动作的安全钳或对重安全钳等减速元件现下列情况之一时，视为达到报废技术条件：

① 钳体、夹紧件（楔块或滚柱等）出现裂纹或塑性变形。

② 夹紧件出现磨损或锈蚀，无法使轿厢按照《电梯制造与安装安全规范》（GB 7588—

2003）中 9.10.1 的要求减速。

③ 弹性部件出现塑性变形，导致夹紧件与导轨侧工作面间隙过大，无法使轿厢按照《电梯制造与安装安全规范》（GB 7588—2003）中 9.10.1 的要求减速。

3）作用于只有两个支撑的曳引轮轴上的减速元件：曳引机制动器作为减速元件时，其报废技术条件同 3.1.3 节。

2．缓冲器

（1）蓄能型缓冲器

1）线性缓冲器。

线性缓冲器（弹簧缓冲器）出现下列情况之一时，视为达到报废技术条件：

① 弹簧严重锈蚀或出现裂纹。

② 缓冲器动作后，有影响正常工作的永久变形或损坏。

2）非线性缓冲器。

非线性缓冲器出现下列情况之一时，视为达到报废技术条件：

① 非金属材料出现开裂、剥落等老化现象。

② 缓冲器动作后，有影响正常工作的永久变形或损坏。

（2）耗能型缓冲器

耗能型缓冲器（液压缓冲器）出现下列情况之一时，视为达到报废技术条件：

① 缸体有裂纹。

② 漏油，不能保证正常的工作液面高度。

③ 柱塞锈蚀，影响正常工作。

④ 复位弹簧失效，缓冲器复位不符合《电梯制造与安装安全规范》（GB 7588—2003）中 F5.3.2.6.2 的要求。

⑤ 缓冲器动作后，有影响正常工作的永久变形或损坏。

本节的耗能型缓冲器是指液压缓冲器，主要由液压缸、复位弹簧组成。耗能缓冲器动作时，通过液压阻尼消耗掉系统的动能，并依靠复位弹簧的弹力使其复位。由于液压缓冲器动作时内部的液压油的压力很大，如缸体有裂纹，可能会导致缸体破裂，液压油瞬时溢出，从而失去缓冲效果；液压缓冲器漏油导致工作液面过低时，会导致缓冲器的缓冲距离、缓冲弹性不符合要求；液压柱塞锈蚀时，导致柱塞和缸体配合精度不正常，导致漏油和卡阻；复位弹簧失效，导致复位时间过长或不能完全复位，都影响其正常使用。因此液压缓冲器出现上述失效情况时，不能继续使用，应报废。

## 3.11 电气控制装置系统主要部件报废条件

### 3.11.1 控制柜

1．接触器（继电器）

接触器出现下列情况之一时，视为达到报废技术条件：

① 外壳破损存在触电危险，或导致其外壳防护等级不符合《电梯制造与安装安全规范》（GB 7588—2003）中 14.1.2.2.2 或 14.1.2.2.3 的要求。

② 当切断或接通线圈电路时，接触器不能正确、可靠地断开或闭合。

2．变频器

变频器出现下列情况之一时，视为达到报废技术条件：

① 外壳破损存在触电危险。

② 输入输出主回路电路板铜皮断裂。

③ 直流母线电容鼓包、漏液或明显烧坏。

④ 输入或输出、制动单元及制动电阻的接线端子和铜排出现严重的过热变形、拉弧氧化或腐蚀。

3．变压器

变压器绝缘电阻不符合《电梯制造与安装安全规范》（GB 7588—2003）中 13.1.3 的要求，视为达到报废技术条件。

变压器的报废技术条件引用了《电梯制造与安装安全规范》（GB 7588—2003）中 13.1.3 的内容。变压器被击穿等原因会造成其绝缘电阻小于规定的要求，存在人员触电、设备短路等风险，应予以报废。该损伤模式在现场可以通过测试其对地绝缘电阻发现。

4．电路板

电路板出现下列情况之一时，视为达到报废技术条件：

① 受潮进水、被酸碱等严重腐蚀、铜箔拉弧氧化、元件焊盘受损或脱落等，导致功能失效。

② 外力折裂。

③ 严重烧毁碳化。

5．控制柜内电气及柜体

1）控制柜内电气绝缘不符合《电梯制造与安装安全规范》（GB 7588—2003）中 13.1.3 的要求，视为达到报废技术条件。

2）控制柜柜体严重锈蚀变形、损坏，导致柜内元器件无法固定和正常使用，视为达到报废技术条件。

3）控制柜内电气元件失效导致电梯不能运行，无法更换为同规格参数的元件，或更换替代元件后仍无法正常运行，视为达到报废技术条件。

4）控制柜内电气元件失效导致电梯不能运行，无法更换为同规格参数的元件，或更换替代元件后仍无法正常运行，视为达到报废技术条件。

### 3.11.2　随行电缆

随行电缆出现下列情况之一时，视为达到报废技术条件：

① 护套出现开裂，导致线芯外露；易产生随行电缆剐蹭现象，并可能导致线芯断裂造成信号中断，易造成电梯意外停梯困人的故障，应予以报废。

② 绝缘材料发生破损、老化，导致线芯外露或绝缘电阻不符合《电梯制造与安装安全规范》（GB 7588—2003）中 13.1.3 的要求；容易产生信号中断从而造成电梯意外停梯困人的故障，还存在人员触电危险，应予以报废。

③ 线芯发生断裂或短路，电缆的备用线无法满足需要；导致电梯信号无法正常传输，电梯也无法正常运行，应予以报废。

④ 电缆严重变形、扭曲，可能会产生线路接触不良，易造成电梯意外停梯困人的故障，应予以报废。

## 3.12　编码器及液压系统主要部件报废条件

### 3.12.1　编码器

编码器信号输出异常，视为达到报废技术条件。一般判断编码器故障的方法有：

① 变频器或者主板直接报编码器故障或者编码器断线等相关故障。

② 在做主机自学习时，编码器的角度位置学不准，偏差较大。

③ 如果怀疑编码器故障可以用万用表测量编码器 AB 相，相对 0V 的电压。

④ 主机震动、倒溜、不平层飞车时，首先检查其他参数是否正确，如都正确则可能编码器存在问题。

因现场不能对编码器进行专业检测，如排除上述故障或其他可能由编码器引起的故障后，编码器信号输出仍异常，需更换编码器。

### 3.12.2 液压系统

1．液压缸

液压缸出现下列情况之一时，视为达到报废技术条件：

① 柱塞严重锈蚀、磨损或损伤导致漏油。

② 柱塞受外力导致变形。

③ 缸筒严重锈蚀或变形。

④ 对接式柱塞连接失效。

⑤ 对接式缸筒连接失效。

⑥ 缓冲制停失效。

⑦ 多级式液压缸内置液压同步机构失效。

2．管路

（1）液压硬管

液压硬管出现下列情况之一时，视为达到报废技术条件：

① 严重腐蚀、变形或漏油。

② 管接头漏油。

（2）液压软管

液压软管出现下列情况之一时，视为达到报废技术条件：

① 管接头漏油。

② 软管表面破损、老化或开裂，钢丝编织层破损或钢丝穿透胶层。

3．液压泵站

1）电动机线圈出现短路、断路、接地或烧毁，视为达到报废技术条件。

2）潜油泵出现外壳破裂、主螺杆断裂或壳体内腔磨损，视为达到报废技术条件。

3）阀组出现下列情况之一，视为达到报废技术条件：

① 阀体开裂。

② 阀组功能失效。

③ 漏油。

4）其他设备：

① 手动泵功能失效，视为达到报废技术条件。

② 截止阀手柄断裂、阀芯磨损导致裸露，视为达到报废技术条件。

③ 液压油。液压油出现下列情况之一，视为达到报废技术条件：

a．进水、浑浊或乳化。

b．高温氧化导致油液发黑或油泥析出。

④ 油箱严重锈蚀、变形或破损，视为达到报废技术条件。

4．破裂阀

破裂阀出现下列情况之一时，视为达到报废技术条件：

① 调节螺杆断裂。

② 破裂阀功能失效。

③ 漏油。

5．滤油器

滤油器出现下列情况之一时，视为达到报废技术条件：

① 破损。

② 堵塞。

## 3.13　自动扶梯和自动人行道主要部件报废技术条件

### 3.13.1　支撑结构（桁架）

支撑结构（桁架）出现下列情况之一时，视为达到报废技术条件：

① 支撑结构（桁架）焊接处出现开裂。

② 支撑结构（桁架）最大挠度不符合《自动扶梯和自动人行道的制造与安装安全规范》（GB 16899—2011）中 5.2.5 的要求。

③ 支撑结构（桁架）塑性变形严重，导致自动扶梯或自动人行道无法正常运行。

④ 支撑结构严重腐蚀，主要受力构件断面壁厚腐蚀达到设计厚度的 10%。

⑤ 主要受力紧固件出现裂纹、严重变形、严重锈蚀。

### 3.13.2 梯级、踏板及其支撑导向装置

1．梯级和踏板

梯级、踏板出现下列情况之一时，视为达到报废技术条件：

1）表面永久变形，导致梳齿板和梯级（或踏板）踏面齿槽的啮合深度不符合《自动扶梯和自动人行道的制造与安装安全规范》（GB 16899—2011）中 5.7.3.3 的要求。

2）断齿或表面有裂纹。

3）梯级轴安装座出现变形、裂纹或断裂。

4）梯级轴安装座磨损，导致梯级与主轮轴连接松动。

5）梯级随动滚轮轴出现弯曲变形、裂纹、断裂或螺纹破损。

6）梯级防跳钩弯曲变形、出现裂纹或断裂。

7）因磨损，导致齿顶面宽度小于 2.5mm。

8）支架发生塑性弯曲变形或产生裂纹。

9）组装式梯级或踏板不锈钢表面磨穿，翘起。

10）组装式梯级或踏板焊点脱焊，导致踏面或踢面变形。

11）嵌入件缺损。

2．梯路导轨

梯路导轨出现下列情况之一时，视为达到报废技术条件：

1）工作面严重磨损或锈蚀，影响正常运行。

2）工作面出现凹陷，影响正常运行。

3）发生弯曲等塑性变形，影响正常运行。

4）出现断裂、裂纹。

5）紧固件出现裂纹、严重变形或锈蚀。

3．梯级链滚轮和梯级随动滚轮

梯级链滚轮和梯级随动滚轮出现下列情况之一时，视为达到报废技术条件：

1）开裂、破损、变形失圆、严重磨损，影响正常运行。

2）轴承失效。

3）轮毂脱落。

### 3.13.3　驱动装置

1．电动机

电动机出现下列情况之一时，视为达到报废技术条件：

1）外壳或基座有影响安全的破裂。

2）轴承失效。

3）定子与转子发生碰擦。

4）定子绕组的绝缘电阻在热态时或温升试验结束时小于 0.5MΩ，或冷态绝缘电阻小于 5MΩ。

2．减速箱

减速箱出现下列情况之一时，视为达到报废技术条件：

1）蜗轮副、齿轮副等出现影响安全运行的轮齿塑性变形、折断、裂纹、齿面点蚀、胶合或磨损等形式的严重失效。

2）传动轴、轴承或键出现影响安全运行的损坏。

3）箱体出现裂纹。

4）固定结构严重锈蚀，或出现影响安全运行的损坏。

5）轴伸出端每小时渗漏油面积超过 $25cm^2$。

3．工作制动器

制动器制动力矩应符合《自动扶梯和自动人行道的制造与安装安全规范》（GB 16899—2011）中 5.4.2.1.3.2 或 5.4.2.1.3.4 的要求。出现下列情况之一时，视为达到报废技术条件：

1）设备运行时，制动器的制动衬块（片）与制动轮（盘）不能完全脱离。

2）制动衬块（片）、制动轮（盘）严重磨损或制动弹簧失效。

3）受力结构件（如制动臂、销轴等）出现裂纹或严重磨损。

4）制动器电磁线圈铁芯动作异常，出现卡阻现象。

5）电磁线圈防尘件破损。

6）电磁线圈绝缘电阻不符合《机械电气安全 机械电气设备 第 1 部分：通用技术条件》（GB 5226.1—2008）中 18.3 的要求。

4．附加制动器

附加制动器出现下列情况之一时，视为达到报废技术条件：

1）制动力不符合《自动扶梯和自动人行道的制造与安装安全规范》（GB 16899—2011）中 5.4.2.2.2 的要求。

2）出现工作制动器规定中 2）～ 6）条要求的报废技术条件之一。

5．弹性联轴器

弹性联轴器出现下列情况之一时，视为达到报废技术条件：

1）非金属缓冲件过度磨损、开裂、严重变形和老化。

2）出现永久变形或者裂纹。

3）运行出现异常振动、噪声。

4）联轴器连接失效。

6．驱动链

1）链条伸长超过设计长度 3%，或超过调整极限。

2）由于链条原因，链条与链轮不能正常啮合。

3）销轴、套筒、链板严重磨损、变形或出现裂纹。

4）严重锈蚀，导致转动卡阻。

7．驱动皮带

驱动皮带出现下列情况之一时，视为达到报废技术条件：

1）出现严重磨损、裂开，导致内芯外露或表层脱落。

2）伸长量超出张紧装置的调整范围。

3）三角皮带严重磨损，导致在使用时可接触到皮带轮 V 型槽底。

4）如果有多条三角皮带长短明显不一致。

对于多条皮带，如果一条皮带报废，则应更换整组皮带。

### 3.13.4 梯级、踏板或胶带驱动装置

1．梯级或踏板的链条

1）销轴、套筒严重磨损，导致链条伸长引起梯级间或踏板间的间隙不符合《自动扶梯和自动人行道的制造与安装安全规范》（GB 16899—2011）中 5.3.5 的要求。

2）两侧链条伸长不一致，导致运行过程中梯级与梯级（或踏板与踏板）、梯级（或踏板）与梳齿板之间存在碰擦。

3）严重锈蚀，导致转动卡阻。

4）销轴、套筒、链板断裂或严重变形。

2．驱动轴及轴承

驱动轴及轴承出现下列情况之一时，视为达到报废技术条件：

1）驱动轴出现严重磨损或腐蚀，导致无法正常工作。

2）驱动轴出现严重变形、裂纹、缺损。

3）轴承出现严重磨损、变形、裂纹、缺损。

4）驱动轴焊接出现开裂。

3．链轮

链轮出现下列情况之一时，视为达到报废技术条件：

1）出现断齿。

2）齿面或齿宽方向出现非正常和严重磨损，导致与链条不能正常啮合。

3）出现严重变形、裂纹、缺损。

### 3.13.5　扶手装置

1．围裙板

围裙板出现下列情况之一时，视为达到报废技术条件：

1）出现锈蚀、开裂、翘边、破损、脱落。

2）表面有大于4mm的永久凹陷。

3）由围裙板变形导致围裙板与梯级（或踏板、胶带）单侧间隙大于4mm，或两侧对称处间隙总和大于7mm。

4）如果自动人行道的围裙板位于踏板或胶带上方，由于围裙板变形导致踏板面与围裙板下端间的间隙大于4mm，或导致横向摆动的踏板、胶带与围裙板垂直投影间产生间隙。

5）本体支撑结构失效（如加强筋脱落）。

2．围裙板防夹装置

围裙板防夹装置出现下列情况之一，视为达到报废技术条件：

1）柔性部件脱落、破损、严重变形，导致不符合《自动扶梯和自动人行道的制造与安装安全规范》（GB 16899—2011）中5.5.3.4 c）的要求。

2）刚性部件产生脱离、破损和永久变形，导致不符合《自动扶梯和自动人行道的制造与安装安全规范》（GB 16899—2011）中5.5.3.4 c）的要求。

3）防夹装置边缘出现锐边、尖角。

3．护壁板

护壁板出现下列情况之一时，视为达到报废技术条件：

1）护壁板之间的间隙不符合《自动扶梯和自动人行道的制造与安装安全规范》（GB 16899—2011）中 5.5.2.4 的要求。

2）锈蚀、破损、开裂、翘边、脱落。

3）玻璃护壁板出现裂纹或玻璃护壁板边缘出现锋利锐边。

4）玻璃护壁板固定件强度不足，导致玻璃护壁板不能承受《自动扶梯和自动人行道的制造与安装安全规范》（GB 16899—2011）中 5.5.2.3 规定的载荷。

4．内、外盖板

内、外盖板出现下列情况之一时，视为达到报废技术条件：

1）锈蚀、破损、开裂、翘边、脱落。

2）内盖板变形，存在勾绊和受伤的危险。

5．扶手安全防护装置（防爬 / 阻挡 / 防滑行装置）

1）破损、开裂、形成锐边。

2）出现变形，不符合《自动扶梯和自动人行道的制造与安装安全规范》（GB 16899—2011）中 5.5.2.3 的要求。

### 3.13.6　扶手带系统

1．扶手带

扶手带出现下列情况之一时，视为达到报废技术条件：

1）内部的钢丝或者钢带裸露。

2）因扶手带原因，扶手带开口处与导轨或者扶手支架之间的距离不符合《自动扶梯和自动人行道的制造与安装安全规范》（GB 16899—2011）中 5.6.2.1 的要求。

3）内外层材料大面积剥离，表面磨损严重。

4）出现裂纹，裂纹最大宽度大于 3mm。

5）因扶手带原因，其运行速度不满足《自动扶梯和自动人行道的制造与安装安全规范》（GB 16899—2011）中 5.6.1 的要求。

2．扶手带驱动装置

扶手带驱动装置出现下列情况之一时，视为达到报废技术条件：

1）驱动摩擦轮出现断裂、脱胶。

2）摩擦轮、压紧带（链）不能有效驱动扶手带，导致扶手带运行速度不满足《自动扶梯和自动人行道的制造与安装安全规范》（GB 16899—2011）中 5.6.1 的要求。

3）驱动链轮出现 3.13.4 节中“3. 链轮”规定的报废技术条件。

4）驱动轴、轴承或键出现裂纹、断裂、严重锈蚀。

5）链条出现 3.13.3 节中“6. 驱动链”的报废技术条件。

6）压紧轮出现卡阻现象，或压紧轮外圈与轴承剥离。

7）压紧带（链）开裂或者断裂。

3. 扶手导轨

扶手导轨出现下列情况之一时，视为达到报废技术条件：

1）严重磨损，导致扶手带开口处与导轨或扶手支架之间的距离不符合《自动扶梯和自动人行道的制造与安装安全规范》（GB 16899—2011）中 5.6.2.1 的要求。

2）导向轮出现卡阻。

3）导向轮外圈与轴承剥离。

4）导向轮轴承出现卡阻、剥离、断裂、严重锈蚀。

4. 扶手带张紧装置

扶手带张紧装置出现下列情况之一时，视为达到报废技术条件：

1）无法正常调节，或调节至极限位置仍不能有效张紧扶手带。

2）张紧滚轮外圈与轴承剥离。

3）压紧弹簧出现永久变形。

### 3.13.7　出入口

1. 梳齿板

梳齿板出现下列情况之一时，视为达到报废技术条件：

1）单块梳齿板断齿。

2）梳齿弯曲变形，与梯级碰擦。

3）梳齿板变形，造成梳齿板的梳齿与踏面齿槽的啮合深度不符合《自动扶梯和自动人行道的制造与安装安全规范》（GB 16899—2011）中 5.7.3.3 的要求。

4）梳齿板开裂。

5）梳齿严重磨损，导致梳齿的宽度不符合《自动扶梯和自动人行道的制造与安装安全规范》（GB 16899—2011）中 5.7.3.2.1 的要求。

2．检修盖板、楼层板、梳齿支撑板

检修盖板、楼层板、梳齿支撑板出现下列情况之一时，视为达到报废技术条件：

1）表面层翘起、破损，存在勾绊风险。

2）检修盖板、楼层板永久变形超过 4mm。

3）梳齿支撑板出现永久变形，影响正常运行。

4）表面严重锈蚀、断裂。

5）板与板之间的固定件或啮合槽磨损、断裂，导致连接失效。

3．扶手带出入口装置

扶手带出入口装置出现下列情况之一时，视为达到报废技术条件：

1）严重磨损，与扶手带之间的间隙无法满足安全要求。

2）毛刷脱落。

3）材料开裂，或严重老化、变形。

### 3.13.8　电气装置

1．控制柜

1）接触器（继电器）出现下列情况之一时，视为达到报废技术条件：

①外壳破损存在触电危险，或导致其外壳防护等级不符合《自动扶梯和自动人行道的制造与安装安全规范》（GB 16899—2011）中 5.12.1.2.2.2 或 5.12.1.2.2.3 的要求。

②当切断或接通线圈电路时，接触器（继电器）触点不能可靠地断开或闭合。

2）变频器出现下列情况之一时，视为达到报废技术条件：

①外壳破损存在触电危险。

②输入输出主回路电路板铜箔断裂。

③直流母线电容鼓包、漏液或明显损坏。

④输入或输出、制动单元及制动电阻的接线端子和铜排出现严重过热变形、拉弧氧化或腐蚀。

3）变压器出现下列情况之一时，视为达到报废技术条件：

①线圈绝缘电阻不符合《机械电气安全　机械电气设备　第 1 部分：通用技术条件》（GB 5226.1—2019）中 18.3 的要求，视为达到报废技术条件。

②外壳破损存在触电危险。

③输出电压超出负载正常工作的电压范围。

4）印制电路板出现下列情况之一时，视为达到报废技术条件：

① 受潮进水、被酸碱等严重腐蚀、铜箔拉弧氧化、元器件焊盘受损或脱落等，导致功能失效。

② 外力折裂。

③ 烧毁碳化。

5）可编程控制器（PLC）出现下列情况之一时，视为达到报废技术条件：

① 外壳破损存在触电危险。

② 主要单元、模块失效。

6）制动电阻烧毁、阻值异常或绝缘电阻不符合要求，视为制动电阻达到报废技术条件。

7）控制柜电气绝缘不符合《机械电气安全　机械电气设备　第1部分：通用技术条件》（GB 5226.1—2019）中18.3的要求，视为达到报废技术条件。

8）控制柜柜体严重锈蚀变形、损坏，导致柜内元器件无法固定和正常使用，视为达到报废技术。

9）控制柜内电气元件失效导致自动扶梯和自动人行道不能正常运行，无法更换为同规格参数的元件，或更换代替元件后仍无法正常运行，视为达到报废技术条件。

2．导线和电缆

导线或电缆出现下列情况之一时，视为达到报废技术条件：

① 护套出现开裂，导致导线外露。

② 绝缘材料发生破损、老化，导致导体外露或绝缘电阻不符合《机械电气安全　机械电气设备　第1部分：通用技术条件》（GB 5226.1—2019）中18.3的要求。

③ 导线发生断裂或短路。

### 3.13.9　监测装置和电气安全装置

1．传感器和检测开关

传感器和检测开关出现下列情况之一时，视为达到报废技术条件：

1）输出信号异常，引起功能失效或误动作。

2）外壳严重破损或变形。

2．安全开关

安全开关出现下列情况之一时，视为达到报废技术条件：

1）安全开关传动机构（如摆动杆等）脱落或破裂。

2）动作机构不能达到动作行程的要求。

3）动作机构不能达到动作力的要求。

4）安全开关的动作不能使其触点强制地机械断开，不符合《自动扶梯和自动人行道的制造与安装安全规范》（GB 16899—2011）中 5.12.1.2.2.1 的要求。

5）安全开关外壳的防护等级低于设计要求。

6）安全开关被严重锈蚀，影响正常运行。

7）安全开关触点严重烧灼或接触不良。

**注**：触发安全开关的机械装置失效时，视为达到报废技术条件。

3．含电子元器件的安全电路和可编程电子安全相关系统（PESSRAE）

含电子元器件的安全电路和可编程电子安全相关系统（PESSRAE）出现下列情况之一时，视为达到报废技术条件：

1）外壳防护出现破损，导致防护等级下降。

2）型式试验规定的安全功能失效或误动作。

3）印制电路板出现 3.13.8 节中“1. 控制柜”中第 4）条规定的报废技术条件。

4）传感器和检测开关出现本节中“1. 传感器和检测开关”中规定的报废技术条件。

4．标志与警示装置

标志与警示装置出现下列情况之一时，视为达到报废技术条件：

1）出现破损、磨损、淡化等，导致不易辨认。

2）出入口的安全标志的设置不符合《自动扶梯和自动人行道的制造与安装安全规范》（GB 16899—2011）中 7.2.1.2 的要求。

# 第 4 章　电 梯 节 能

## 4.1　电梯节能与环保综述

### 4.1.1　电梯节能方式的发展历程

我国电梯拖动技术的 6 个发展阶段都是和电梯的能量形式密切相关的。

1．交流双速、三速电梯

交流双速、三速电梯采用有级调速，模拟控制技术。其特点是乘坐舒适感差，平层精度低，能耗制动，电动机发热严重，能耗较大。

2．直流调速电梯

直流调速电梯采用齿轮传动，晶闸管三相整流（大励磁）控制或晶闸管单相整流（小励磁）控制，无级调速，能耗制动。其特点是启、制动电流减小，舒适感较好、平层精度提高。相对于交流双速电梯（AC–2）节电达 6% ～ 10%。

3．交流调压调速电梯（ACVV）

ACVV 采用无级调速，能耗制动，数 - 模混合控制。高速绕组接三相交流电产生电动力矩，低速绕组接直流电，产生制动力矩。ACVV 的特点是平层精度和舒适感有所提高，启、制动电流减小。虽然电动机发热严重，但相对于交流双速电梯（AC–2）可节电 10% ～ 13%。

4．交流变压变频调速电梯（VVVF）

VVVF 采用无级调速，能耗制动，异步电动机有齿轮传动，数字控制，变频器带制动单元和制动电阻。VVVF 的特点是调速使平层精度和舒适感进一步提高，启、制动力矩大，运行平稳。制动单元和制动电阻发热严重，但电动机由于过热而损坏的现象减少，相对于 ACVV 电梯节电 8% ～ 12%。

5．永磁同步变压变频调速电梯

永磁同步变压变频调速电梯采用无齿轮传动机电一体化，全数字控制，能耗制动，变频器带制动单元和制动电阻。其特点是传输效率高，同等载质量电动机功率小，水平振动和垂直振动小，运行平稳。制动单元和制动电阻发热，相对于异步电动机，有齿轮传动变频调速电梯可节电 15% ～ 20%。

6．永磁同步双 PWM 变压变频调速电梯

永磁同步双 PWM 变压变频调速电梯的技术为双向可逆，再生发电能量回馈电网，采用全数字控制，传输效率高。相对于永磁同步单 PWM 变压变频调速电梯平均节电 30% 左右。其特点是能量随负载状况而变化，重载下行和轻载上行时回馈能量最多，反之耗能最多；半载上行、下行耗能和能量回馈都少；相对于永磁同步单 PWM 变压变频调速电梯节电 10% ～ 70%。

随着电梯拖动技术的不断进步，电梯在舒适感和平层精度等方面均有较大提高的同时，电梯节能效果也随之提高。其中，前 5 个阶段都是能耗制动，由于永磁同步变压变频调速电梯采用了机电一体化技术，节能效果较好。第 6 个阶段永磁同步双 PWM 变压变频调速电梯采用了再生发电能量回馈技术，节能效果十分显著，应大力提倡。

### 4.1.2　电梯能耗环节分析

欲解决电梯耗能问题，就要了解电梯各主要部件、机构在工作中的耗能情况，以便抓住重点，有的放矢。电梯在各耗能环节的耗能比例大致如下：

1）电梯驱动主机拖动负载消耗电能占电梯总耗电量的 70% 以上。

2）电梯门机开关厅门、轿门消耗电能占电梯总耗电量的 20% 左右。

3）电梯照明、控制系统等其他环节消耗电能占电梯总耗电量的 10% 左右。

基于以上的耗能比例，由于门机系统已采用比较成熟的变频等新技术，可挖掘的节能潜力有限，所以电梯驱动主机及其所拖动负载的节能就成为电梯制造企业关注的单台电梯节能的重点。

楼宇电梯节能是一项复杂的系统工程，特别是配备多台电梯的楼宇要从整体的角度来考虑电梯的安装，应当先对楼宇客流量进行分析，再确定电梯的设置台数和平面布置方案，力求用最少的电梯实现最大的客流运送能力，避免无效功耗。否则，很容易出现配置不合理的情况。例如，一些低档的住宅楼容易出现“小马拉大车”的现象，对整个楼宇的人员运送效率低下，候梯时间过长，也会影响电梯安全。高档的写字楼和住宅楼容易出现“大马拉小车”的现象，电梯功能不被充分利用，造成浪费。所以在关注电梯驱动主机拖动系统节能降耗的同时，一定要关注那些容易被忽视的无效耗能环节。

在大楼内，如果相邻安装的电梯独立操作，使用效率较低。因为乘客在登记层站召唤时，经常几台电梯同时登记，多台电梯同时应答一个召唤，造成浪费。所以，配置多台电梯的楼宇要根据实际情况合理采用并联、群控等技术，避免多台电梯同方向运行时出现不必要的无效耗能。对保持额定速度运行抵消势能或者制停轿厢抵消动能的制动能耗，机械系统的非优化设计导致的无效耗能，照明、控制、驱动系统的非节能元件的使用以及待机导致的无效耗能等都应进行控制，将其耗能降到最低点。

电梯节能监管措施可以设置以下几项：

1）审核新建楼宇电梯设置方案。当前有一些楼宇的电梯设置不尽合理，电梯生产企业为了销售自己的产品，往往根据客户的支付能力设计配置方案，而不是从实际客流量的需求出发。要借鉴国外成熟的经验，促进形成在采购和配置电梯前咨询电梯配置部门的习惯，推进群控技术的广泛应用。

2）在型式试验中控制能耗指标。推广节能零部件与技术的应用，抑制低传动效率及机械系统、照明、控制系统等的非优化设计。一旦确定了能耗指标，要在型式试验中有所体现，以便根据测试结果确定其能耗等级。

3）制订在用电梯的节能改造规划。简化节能改造的管理程序，促使在用电梯的各类无效耗能改进进度按照规划时间表进行改造。

4）设定电梯能耗淘汰指标。低于既定指标的产品不得投放市场，同时要逐步强制淘汰高耗能的在用电梯。在现有电梯能耗水平的基础上，争取实现30%的节能效果。

### 4.1.3 电梯节能技术

1．节能意义

有关统计数据表明，电动机拖动负载消耗的电能占电梯总耗电量的70%以上，因此，有效进行电动机及其所拖动负载的节能具有较高的经济效益。电动机及其负载节约电能的途径主要有两大类：

1）提高电动机或负载的运行效率。例如，电梯驱动用变频器调速取代传统的交流异步电动机调压调速，这是以提高电动机运行效率为目标的节能措施。

2）将电动机已转换到负载上的机械能反变换成电能并回馈再生利用，使电动机和负载在单位时间内消耗的电能下降，从而达到节电的目的。有源能量回馈器即属于此类节约电能的典型装置。

电动机拖动负载旋转运动即具备了动能，电动机曳引上、下运动的负载（如电梯、吊车、水库闸门等）则又具备了位能。电动机拖动负载减速运动时，其动能将释放出来。当位能性负载下降运动时（位能减少），其位能也将释放出来。如果能有效地将这两部分机械能转换成电能并回馈再生利用，就可达到节约电能的目的。

电梯能量回馈技术是通过把电梯曳引机工作发电状态时所产生的电能回馈到供电网附近的用电设备使用，以达到节能的目的。为了能达到节能目的，电梯能馈系统需要具备以下两个特点：

1）具有能量双向传输的能力；

2）符合并网的相关要求。

以 100 万台运行中的电梯计算，每天耗电约为 8000 万度，每年消耗电量约为 290 亿度。如果将电梯节能发电装置在每部电梯中推广应用，将电梯处于发电状态的电能回馈再生利用，按照平均回馈节能率 30% 计算，每年可节约电量约 87 亿度。

安装能量回馈装置对于一个拥有多台电梯的区域建筑而言，投资回报较为可观。目前，一台能量回馈装置的市价大约为 1 万元，若考虑到电梯机房原来为了降低环境温度而安装的空调设备，由于电能回馈产品的使用，取代了电梯原有的能耗电阻发热源，因此也间接节约了空调的用电量（抵消空调设备用电）。综合计算，电梯电能回馈装置的投入资本预计在一年内即可收回。

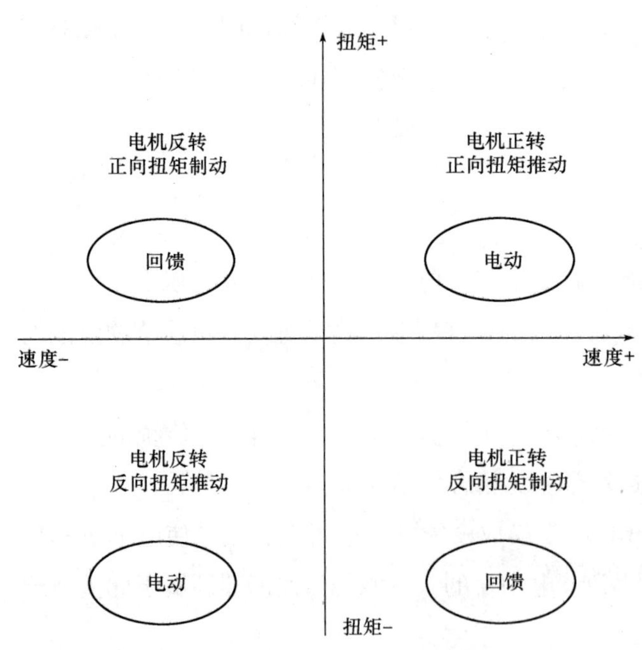


图 4-1 电机与扭矩的关系图

由于对重装置的作用，随着电梯负载的大小和运行方向的不同，曳引机呈现四象限工作特性，如图 4-1 所示。曳引机具体工作状态如表 4-1 所示，对应将电梯的运行分为以下几种工况：

1）轿厢或配重较轻的一边上升，比如空车上行和满载下行，这是系统释放势能的过程，此时曳引机工作在发电状态。

2）轿厢或配重较轻的一边下降，比如空车下行与满载上行，此时系统势能在不断增加，曳引机工作在电动状态。

表 4-1 曳引机工作状态

| 曳引机两侧受力状态 | 电梯运行方向 | 电机状态 |
|---|---|---|
| 轿厢侧 < 对重侧 | 上行<br>下行 | 回馈<br>电动 |
| 轿厢侧 > 对重侧 | 上行<br>下行 | 电动<br>回馈 |

3）当电梯到达所在楼层减速制动时，系统释放动能，此时曳引机也工作在发电状态。

4）电梯在半载或在接近半载状态下运行，此时曳引机工作在平衡或接近平衡工况，这是电梯运行的最大概率工况。

图 4-1 为电梯运行时电机与扭矩的状态，象限 1 是扭矩推动电机正向旋转的，同时象限 3 是电机反转，反向的扭矩继续推动。可以看出，在象限 1 和象限 3 状态下，电机处于电动模式，由电能转化为机械能来克服重力势能；而在象限 2 和象限 4 状态下，扭矩与速度方向始终相反，用来制动电机，使电机处于回馈模式。在不需要电能驱动电梯的情况下，利用重力势能运行。

2．有源能量回馈器的结构

有源能量回馈器的主电路由 IGBT（绝缘栅双极型晶体管）、智能模块（IPM）、隔离二极管 $VD_1$ 和 $VD_2$、滤波电感、电容等元器件组成。IPM 模块是主电路中的核心元件，它将直流电能逆变为与交流电网同步的三相电流回送电网。其完善的保护（过电压、欠电压、过电流、过热等）功能，保证了有源能量回馈器安全可靠地运行。二极管 $VD_1$ 和 $VD_2$ 可防止有源能量回馈器反送电能给变频器，确保系统安全运行。电感 $L_1 \sim L_3$、电容 $C_1 \sim C_3$ 构成高次谐波滤波器，阻止 IPM 模块高频开关产生的高次谐波电流进入电网，提高有源能量回馈器的电磁兼容（EMC）性能。

有源能量回馈器的控制电路由单片微机、可编程逻辑芯片、外围信号采样器构成。配以冗余度高的软件设计，控制电路能自动识别三相交流电网的相序、相位、电压及电流瞬时值，有序控制 IPM 工作在 PWM（脉宽调制）状态，保证直流电能及时地回馈和再生利用。

为了便于人工观察有源能量回馈器的工作状态，控制电路配有错相、过电流和能量回馈等状态指示灯。外来强干扰造成的故障动作可以通过单片机自动识别和自动清除，也可以通过人工按清除故障键清除，增强了系统工作的可靠性。

能量回馈系统的基本工作原理是能够把变频器直流侧电容C1中储存的直流电利用逆变技术转化为交流电，再反馈回电网侧。有源能量回馈器主回路结构及连接方式如图4-2所示，主要由单向二极管$D_1$、$D_2$，串联电感$L_1$、$L_2$，三相IGBT全桥$VD_1$～$VD_6$、电容$C_1$、$C_2$等电气元件组成。二极管$D_1$、$D_2$主要是为了保证能量只能由电梯变频器的直流母线流到能量回馈系统。能量回馈系统的运行过程是：当曳引机处于电动状态时，接触器$J_1$～$J_3$处于断开状态，能量回馈系统不工作；当曳引机处于发电状态，变频器直流母线侧电容$C_1$会升高，当直流母线电压超过逆变电路设定的电压时，接触器$J_1$～$J_3$处于吸合状态，能量回馈系统开始工作，此时直流母线上的直流电通过三相IGBT全桥$VD_1$～$VD_6$有规律地通断转化为交流电，回馈给电网，这个电压称为启动电压。随着能量回馈装置的工作，直流母线电压逐渐下降，直至电容$C_1$电压不满足能量回馈系统启动条件，接触器$J_1$～$J_3$处于断开状态，最后停止工作。能量回馈装置中的电感$L_2$用来消除其他电器设备之间的干扰，减小电网电压与输出电压的差值。

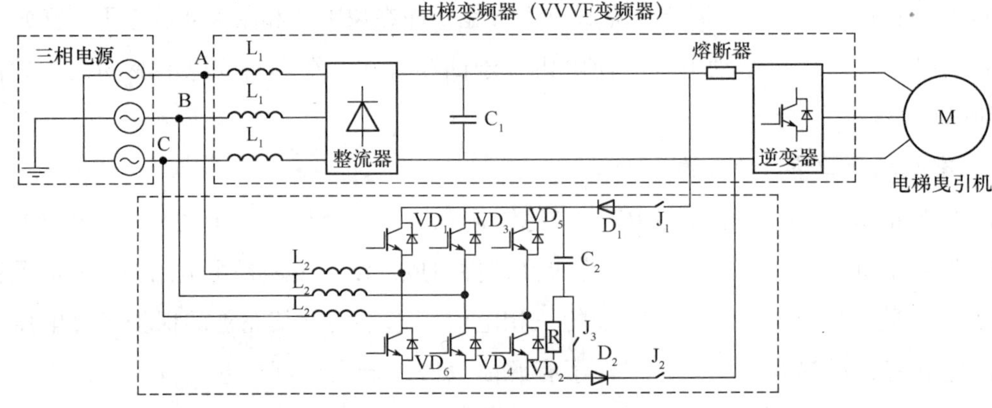

图4-2　有源能量回馈器主回路结构及连接方式

3．有源能量回馈器的特点

1）适用范围广。有源能量回馈器可与220V、380V、480V电压等级的变频器配合使用，功率范围为15～40kW。

2）节能效果明显，无发热电阻，在电梯中使用可节电21%～46%。

3）安装方便，即装即用。有源能量回馈器仅用五根线与外部连接，其中三根线与交流输入端相连，另外两根线与变频器直流端子相连，安装完毕无须调试即可使用。

4）工作可靠，谐波含量较少。

5）有完善的保护功能。

6）预留有工作状态口与变频器相连，确保系统可靠工作。

### 4.1.4 电梯能耗评价指标与检测方法

1．电梯能耗评价指标

电梯能耗评价指标为单位客货输送量的耗电量（每吨千米的耗电量）。

影响电梯能源效率指标的因素有：

① 电力拖动类型。

② 机械传动形式。

③ 平衡系数。

④ 工作载荷。

⑤ 运行速度。

⑥ 升降高度。

⑦ 供电电压。

⑧ 功率因数。

⑨ 制动电能回馈装置。

⑩ 待机功耗。

对这些因素进行系统的测试分析，从而得出某类电梯或某种节能装置的能耗或节能数值。

每吨千米的耗电量［kW · h/（t · km）］是指电梯按照规定的工作图谱运行，完成工作量达到 1t · km 时的耗电量（kW · h）。用公示表式为

$$\eta_1=\frac{E_c}{W_z/10^6} \tag{4-1}$$

式中，$\eta_1$ 为每吨千米的耗电量；$E_c$ 为电梯在测试周期内，从电网输入的电能（考核值）（W · h）；$W_z$ 为电梯在测试周期内，轿厢运送有效载荷的工作量，即每次运送的有效载荷质量与被移动的垂直距离之积的总和（kg · m）。

完成的工作量 $W_z$ 可以表示成

$$W_z=\sum(Q_nS_n) \tag{4-2}$$

式中，$n$ 为电梯在测试周期内，轿厢运行的次数；$Q_n$ 为第 $n$ 次运行轿厢加入的有效载荷（kg）；$S_n$ 为第 $n$ 次运行轿厢运送有效载荷的垂直距离（m）。

而电梯能效系数 $\eta$ 是指电梯运送载荷所做的功与能耗的比，即在规定的电梯工作周期内，轿厢运送有效载荷的工作量（所运送的载荷质量与被移动的垂直距离之乘积）与在此运行周期内该电梯所耗费电能的比值。用公式表示为

$$\eta=\frac{W_z}{E_c\times3.67\times10^5} \tag{4-3}$$

式中，$3.67\times10^5$ 为功能换算系数，$1kW\cdot h=3.67\times10^5kg\cdot m$。

2．电梯能耗检测方法

电梯启动能耗、匀速运行能耗和制动能耗主要与载荷、运行方向、开始楼层和目标楼层有关，是一个动态的过程，是电梯能耗测量的难点。为了全面反映电梯的能耗情况，首先建立启动能耗、匀速运行能耗、制动能耗与载荷之间的联系，简化载荷测量的次数。采用均分的原则，将测量的载荷选择为额定载荷的 0%、25%、50%、75% 和 100%。之后，建立启动能耗与开始楼层以及制动能耗与目标楼层的联系、开始楼层和目标楼层位置不同和载荷变化量的联系，从而简化测量行程的数量。

电梯开关门的能耗主要与开关门的时间长短和次数有关。电梯停靠在某一确定层站，手动操作使电梯门机完成至少 5 次开关门动作，并记录动作的时间。为了清晰分辨开关门的动作，相邻 2 次开关门之间至少间隔 8s。

对于某一测量电梯，确保其休眠状态、待机功率、轿厢内照明装置和通风系统的功率比较稳定。使电梯停靠在某层站，记录 10min 左右的能耗数据，即电梯待机和休眠的能耗数据。由于电梯轿厢内照明装置和通风系统是通过单独的电路连接单相交流电源，所以这部分能耗可以进行单独数据测量。

此外，特定测量的电梯的电压总谐波畸变率和电流总谐波畸变率主要与曳引装置的负载大小有关，即与电梯的载荷情况有关。需要分别测量电梯在额定载荷的 0%、25%、50%、75% 和 100% 时，全程上行、全程下行的电流和电压的畸变情况。

现在也可利用新的电能质量分析仪来进行采集测量数据，方便实用。其仪器主要由现场测试仪器和数据处理软件两部分组成，测试仪主要有谐波、波形、功率和电能、告警、截屏、波形捕捉等工作模块，含有 4 个电流、5 个电压接口，故可测量单相、两相、三相三线、三相四线、三相五线的各相电流电压、启动电流、功率、累计功能、谐波影响等，还可以测量回馈电能的电能质量，如电压波动、闪变、不平衡度、高于 50 次谐波等。模块形式的多样性，有利于电梯能量回馈质量与数量的测量。

3．提高电梯能源效率指标的措施

1）尽量选用 VVVF 电力拖动技术。

2）电梯所用曳引机选用高效减速机或采用无齿轮传动。

3）采用自动电能回馈装置。

4）降低电梯待机功耗。

### 4.1.5 综合节能措施

1．运输能力

1）选择尽可能低的额定速度。

2）选择与输送任务相匹配的速度。

3）选择一半的额定载荷。电梯经常处于非额定负载工况，曳引式电梯由于对重机构的作用，轿厢半载运行时（轿厢侧总质量与对重侧总质量相平衡）耗电量最小；轿厢空载或满载运行时耗电量最大。轿厢空载、轻载、重载、满载等工况能源效率指标相差悬殊。

4）对电梯进行合理的安装与布置。

5）选择合适的电梯设置地点。

6）电梯通用功能集中布置。

7）选择尽可能低的加减速度值和加速度变化率值。

2．设备设计

关于电梯节能，在设备设计时应注意以下几方面。

1）选择适合的功率因数电梯。曳引电梯通常效率较高。受功率因素的影响，由于驱动电动机的规格与电力拖动类型的差别，产品的用电功率因数不尽相同。表4-2列出了几种类型的电梯样机测试的功率因数数据。功率因数低会加大供电设备容量，增加供电系统的线损耗。

**表4-2 几种类型的电梯样机测试的功率因数数据**

| 梯种 | 额定载荷 | 75%载荷 | 50%载荷 | 25%载荷 |
|---|---|---|---|---|
| AC-2 | 0.434 | 0.427 | 0.425 | 0.434 |
| ACVV | 0.585 | 0.574 | 0.577 | 0.569 |
| VVVF涡轮曳引机 | 0.645 | 0.638 | 0.642 | 0.650 |
| VVVF无齿曳引机 | 0.696 | 0.676 | 0.643 | 0.636 |

2）液压电梯选择平衡重/蓄能系统。

3）选择能效驱动系统（如VVVF系统）。

4）使用软启动技术。

5）选择无齿轮驱动系统。

6）选用驱动主机上置式。

7）选择绕绳比为 1 ∶ 1。

8）不选择堵转电动机的门机。

9）轿厢与对重均适用于滚轮导靴。

10）确保导轨刚性不弯曲。

11）确保导轨垂直度和最短的固定距离。

12）优化平衡系统。

13）确保轿厢平衡。

14）减小轿厢风阻力。

15）选择大直径的曳引绳。

16）选择尽可能小的曳引轮和滑轮直径。

17）电梯停靠时制动器不通电。

18）油箱温度自动控制。

19）电梯井道采暖系统自动控制。

20）液压电梯设置液压油冷却器。

21）液压电梯的液压油冷却器设置在机房外。

3. 运行

在电梯节能措施中，电梯的运行方面应注意以下几点。

1）选择最佳的交通控制策略，如群控管理系统，在配置电梯功能时应尽可能把同一候梯厅的电梯组成一组进行调配。合理高效的群调配技术，会明显地降低电梯总的能耗；而简单低效的指令分配算法则会大大提高电梯的无效或低效运行次数，浪费电能。

2）减少停靠次数。

3）在电梯待梯一段时间后启动控制器，进入待机状态。

4）待梯时关闭轿厢内灯光，降低显示器的亮度。

5）待梯时关闭轿厢内的风扇 / 空调。

6）提供轿厢风扇 / 空调的自动控制系统。

7）提供机房的自动温控系统。

8）回收机房排放的废弃热量。

9）机房应隔热。

10）井道通气口自动开启。

4. 维护与保养

在提高电梯节能措施中，维修与保养方面应注意以下几点。

1）保证定期的预防性维护保养。

2）维护保养时调整所有的临界状态的性能参数。

3）设置可允许的最小加（减）速度值。

4）设置最小的平层和爬行距离。

5）保证电动机散热风机良好运行。

6）保证机房在 6℃以下运行。

7）保证机房制冷 / 通风系统仅在运行条件下工作。

8）保证导轨适当润滑。

9）维修人员离开时关闭轿顶灯。

10）维修人员离开时关闭井道灯。

11）补偿装置调整完好。

## 4.2 电梯节能系统应用

### 4.2.1 电梯节能控制系统

1. MPK 节能型电梯控制系统

根据各电梯工程的环境技术和相关运行条件的要求，每个电梯的节能配置（见图 4-3）可以提供不同的节能效益。Kollmorgen 公司针对不同电梯工程的技术要求和运行方式，已研制出一套合适的节能硬件 / 软件，提供给不同的电梯用户。对于 MPK 节能电梯，在经过不同条件下的测试后得出结论，其可以大幅减少电梯的耗电量。

图 4-3 电梯节能配置

此配置使电梯用户只需略微调整 MPK 节能系统内置的软件数据，便可选择性地关闭电梯内全部或部分耗电功能。在使用 MPK 节能型电梯控制系统时，所有候梯状态下的电梯控制系统有两个层次的节能功能控制。第一个层次从节能等待到启动时间为数秒；第二个层次启动前需整个系统自查，但用时不超过 30s。

2．等待（停泊）状态下的控制系统

（1）第一层次

1）层站：可以在一个可调整的时间段内，把楼层和方向显示灯关闭，该系统亦可以把与此相关的电源断开。

2）轿厢：可以在一个可调的时间段内，把楼层和方向显示灯关闭，该系统亦可以把与此相关的电源断开。可以把内呼的双重显示之一的显示灯关闭，把轿厢内的照明调暗。

（2）第二层次

1）层站：可以把外呼的双重显示之一的显示灯关闭。

2）轿厢：可以在指定节能停站将控制门关闭，也可以在指定节能停站把轿厢内的电子功能配置关闭。

3）控制：可以把变频器关闭。

3．运行状态下的控制系统

可以减小运行速度（等效为减少曳引机用电），以达到节能效果。DCP4 的“直接至层站”方式可以减小“平层速度”时使用的电流。备选功能是能量反馈层面，可以减少电耗，又可减少主电流方面的高频率干扰电流，其频率通常是 50Hz 的 3 ～ 5 倍。“取消交叉层呼梯”可以保证功能的控制，避免无谓的重复外呼跟踪，使不必要的运行耗电量减至最低。该系统还具有下述功能：

1）防止电梯空载运行。

2）门关闭时省电。

3）大堂监控。

4）取消群控组内电梯操作。

MPK 节能型电梯控制系统的目的是满足每幢大厦内电梯的节能要求，并能运行有序。

### 4.2.2 电梯发电节能装置

1．回馈发电原理

采用变频调速的电梯启动运行达到最高运行速度后具有最大的动能，电梯到达目的楼层前要逐步减速，直到电梯停止运动，这一过程是电梯曳引机释放动能的过程（见图 4-4）。升降电梯还是一个势能性负载装置。为了均匀拖动负载，电梯曳引机拖动的负载由载客轿厢和对重平衡块组成，只有当轿厢载质量约为额定载质量的 50%（1t 载客电梯乘客为7人左右）时，轿厢和对重平衡块才相互平衡，否则，轿厢和对重平衡块就会有质量差，使电梯运行时产生势能（电梯重载下行和轻载上行）。

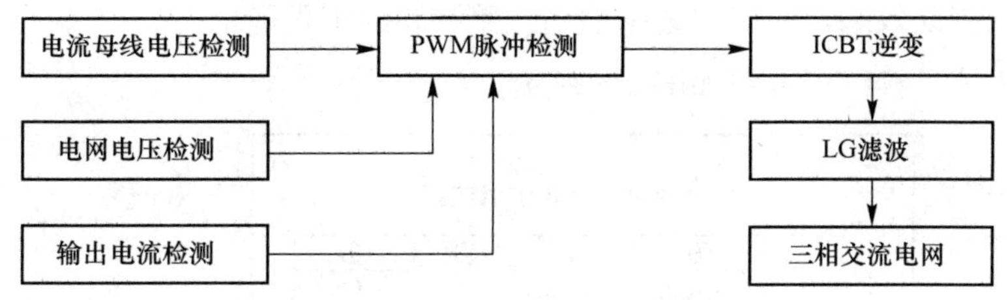


图4-4 DTDH电梯回馈发电系统结构

电梯运行中多余的机械能（包括势能和动能）被转换为直流电能，并存储在变频器直流回路的电容器中。如果电容器的存储能量没有及时释放，变频器将停止工作，电梯将无法正常运行。目前，大多数变频调速电梯都采用电阻消耗电容中存储的电能的方法来防止电容过电压，但是电阻消耗不仅降低了系统效率，还浪费了大量电能。电阻产生的热量也会使电梯控制柜的周围环境恶化。电梯回馈发电装置的出现很好地解决了这一难题。

电梯发电节能装置能有效地将电容中储存的电能回送给交流电网，供周边其他用电设备使用，一般节电率可达15%～40%。节电效果十分明显。此外，由于无电阻发热元件、机房温度下降，可以节省机房空调的耗电量，在许多场合，节约空调耗电量会带来更明显的节电效果。

2．产品特点和电梯标称

（1）产品特点

1）采用脉宽调制技术，输出相位准确，有效抑制了高次谐波。

2）采用DSP中央处理器，速率高，精度高，稳定性能好，抗干扰能力强。

3）采用自诊断技术确保输出电压精确，防止电流回送，使变频器不受任何影响。

4）电压畸变小于5%。

5）功率等级从7.5kW到40kW均可适用。

6）应用电抗器和噪声滤波器，可直接和380～460V电网连接使用。在需要频繁制动的场合，节电效果更明显。

7）能量转换率在97%以上，节能21%～40%。

（2）电梯标配特点

1）真正实现了变频调速系统的四象限运行。

2）制动产生的能量得到回收利用，系统的效率大大提高。

3）系统发热量降低，安全性提高，维护工作量减小。

4）完善的制动效果，适应快速制动和频繁制动的工程需求。

5）接线方式：接线示意图如图 4-5 所示。

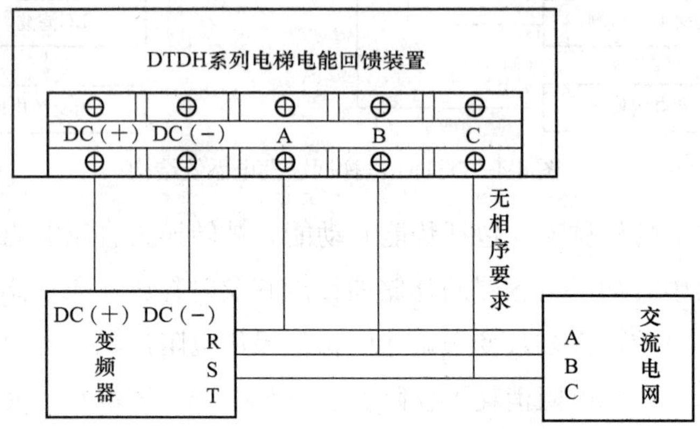


图 4-5　电梯电能回馈装置接线示意图

3．参数指标

（1）技术参数

1）额定电压：AC380V。

2）功率范围：0.75kW ～ 40kW。

3）制动方式：双向自动电压跟踪方式。

4）反应时间：2ms 以下，有多重噪声过滤算法。

5）允许电网电压：AC300 ～ 460V，45 ～ 66Hz。

6）动作电压：DC670V，误差 2V。

7）制动力矩：<150%。

8）回馈方式：正弦波电流方式。

9）电流畸变：5%。

10）回馈算法：最小谐波 PWM 算法。

11）设计工作制：长期。

12）保护功能：过热、过电流、短路及故障自诊断及保护输出功能。

（2）使用环境要求

1）不可有异物入内。

2）周围环境温度为 −10 ～ +60℃。

3）不可有金属粉尘和腐蚀性气体。

4）相对湿度不大于 90%RH（不结霜）。

5）振动 1g（10 ～ 20Hz 时），0.2g（20 ～ 50Hz 时）。

### 4.2.3 电梯能量回馈装置

1．富士达 ECO-MOVE 装置

（1）装置特征

ECO-MOVE 通过降低电梯的能耗来减轻对周围环境的负荷，即使停电，轿厢也不会突然停止，而是平缓地移动到最近楼层，从而消除乘客困在电梯的不安全感。

1）消耗能源的降低。ECO-MOVE 是将电梯向下运行时的回馈能量储存到镍氢电池（Ni-MH）中（见图 4-6）。在向上运行时再次利用此能量，由此能够降低能源消耗。

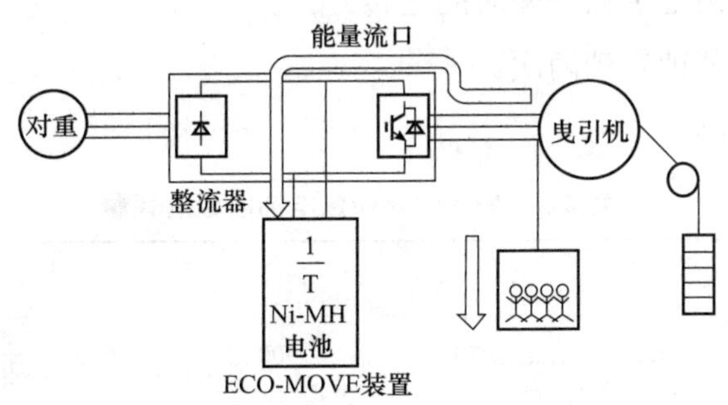


图 4-6 使用 ECO-MOVE 下行时的能量流动

2）电池对地球环境负担小。因为镍氢电池不含有害物质（铅、镉等），所以报废时对地球环境影响很小。它属于无害电池。

3）停电时能继续运转。即使停电时，在电池充电量的允许范围内，仍可继续使轿厢运转。

4）停电时的平缓地平层。传统的电梯一旦发生停电，运行中的轿厢就会突然停止。使用 ECO-MOVE 后，即使运行中停电，也不会突然停止，而是降低速度运行到目的层，平缓地平层，所以不会给乘客带来不安全的感觉。

（2）动作原理

ECO-MOVE 将下行时发生的回馈能量通过变换器给镍氢电池充电，存储的能量作为上行时所需能量的一部分再次利用。图 4-7 所示为使用 ECO-MOVE 上行时的能量流动。

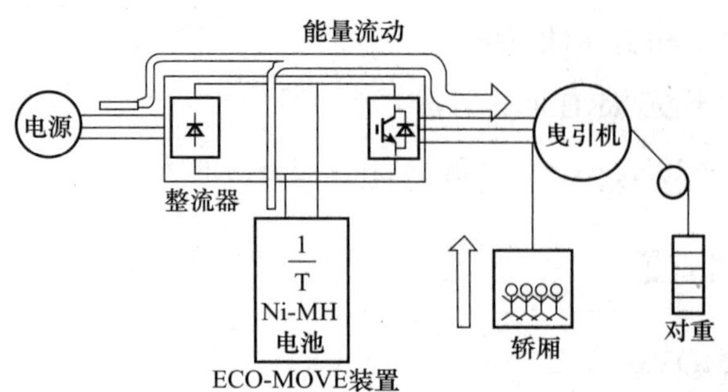


图 4-7　使用 ECO-MOVE 上行时的能量流动

（3）节能效果

ECO-MOVE 电梯能源消耗量见表 4-3，条件如下。

1）模型：无齿。

2）运转模式：15m 距离（1.5m/s 时 20m 距离）的上升下降。

3）载重：65kg（假定 1 人乘坐时的运转）。

4）运转频率：每分钟启动两次。

5）工作时间：10h/d。

**表 4-3　ECO-MOVE 电梯能源消耗量**

| 速度 /（m/s） | 1 | | | 1.5 | | |
|---|---|---|---|---|---|---|
| 载质量 /kg | 600 | 750 | 900 | 600 | 750 | 900 |
| 1 年能源消耗量 /（kW · h） | 1080 | 1430 | 1780 | 1380 | 1820 | 2260 |

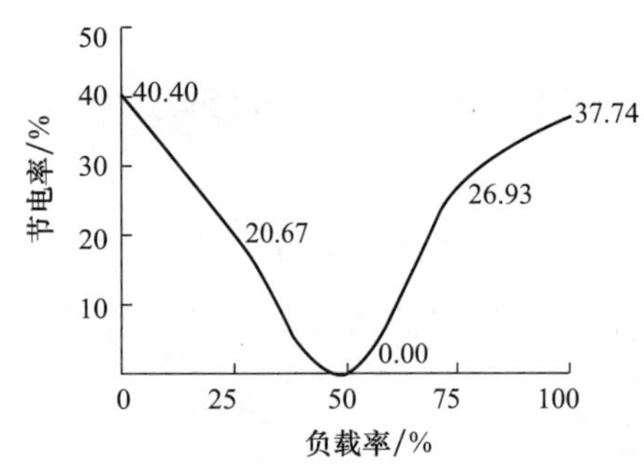


图 4-8　节电率与负载率的关系

2．华升富士达电梯能量回馈装置

华升富士达电梯能量回馈装置的节电率最高可达到 40%。由于节电率受电梯负载率、使用频率及电机功率的影响，在通常情况下，节电率在 30% 以上（见图 4-8）。

该装置与一般的能量回馈装置的不同之处在于，其具有电压跟踪校验自适应控制回馈功能，通过跟踪电网电压相位和幅值，采用 LC 滤波方式，将洁净电能回馈到电网，不仅可以大大节约电能，还可以有效改善输入电流的质量，达到更高的电网兼容标准。

该装置对富士达品牌的电梯有很好的兼容性，对于在用电梯的追加改造非常方便，只需要调整富士达专用的系统参数和变频器参数，即可投入使用，方便新老用户选用。

3. 高速电梯节能装置

华升富士达 4m/s 高速电梯 GLVF-D 是适用于高层建筑物的高速重载无齿轮电梯，将高速永磁同步无齿轮技术、变频驱动技术、能量回馈技术、分散控制技术、系统自我诊断技术及门控技术等融于一体。

1）高速永磁同步无齿轮技术。使用永磁同步电动机，无需励磁电流，而传动效率更高，速度响应更快。在抑制谐波噪声和减少振动方面，永磁同步曳引机（见图 4-9）效果更好，乘坐更舒适。同时，采用永磁同步无齿轮技术，电动机极对数可以做得更多，整体机械结构更为紧凑，进一步节省了机房空间。

图 4-9 高速电梯中的永磁同步曳引机

2）变频驱动和能量回馈技术。通过合理的机电一体化设计，变频系统能够理想地控制速度，从而完美控制电动机，将数字化控制回路集成到高存储量的大规模集成电路中，高速处理更有利于电动机控制和运行舒适感。同时，通过能量回馈装置，能节省 30% 以上的电力消耗。

3）分散控制技术。多智能分散控制系统的建立能够进一步增强电梯的可靠性、安全性等。在分散控制系统中，将计算机置于轿厢、轿厢操作盘和外呼按钮处，每台计算机都集中得到其功能所需的数据，从而能够达到准确快速的控制目的。高速数字电路的应用使电梯的控制性能及应答性能显著增强，同时配备高速检测装置，能够精确控制速度和平层精度。

4）系统自我诊断技术。用来检测整体系统的异常状况。通过配置双中央处理器，使整体系统具备自检和互检的能力。一旦发生故障（如主控计算机失灵、违反逻辑模式等），另一套后备系统在确认与电梯运行无关后投入工作，并将主控计算机的相关故障问题准确记录，以便电梯维护保养人员排除故障。

5）门控技术。采用闭环变频控制技术，开关门运行曲线在出厂时已经根据门参数设定完成，同时可以根据不同楼层的门开关情况自行调整开关时间和力矩，以达到电梯的最高运行效率。

### 4.2.4 自动扶梯与自动人行道的节能

自动扶梯和自动人行道是公共场所运送乘客的典型设备，已经在商场、机场、码头、地铁、宾馆等场所广泛运用。但目前，国内常规的自动扶梯和自动人行道由于技术和资金的原因，大多采用电源供电、Y－△启动的工作方式，每日在开始营业时就启动，以恒定的速度运行直到下班或规定的时间才停梯，使用率普遍较低。

1. 普通自动扶梯和自动人行通道存在的不足

（1）耗能大

由于采用Y－△启动运行的工作方式，普通自动扶梯和自动人行道一般每天运转 10h 之多，不管有无乘客搭乘，始终保持高速运转，耗费大量的电能，这种情况在地铁、机场、大中型商场尤其突出。

（2）机械磨损大，使用寿命较短

由于以恒定的速度每天运转时间超过 10h，自动扶梯部件产生不必要的磨损及疲劳损伤，如扶手带、梳齿板、梯级、链条、电机、减速箱等部件磨损大。一般这种自动扶梯和自动人行道使用寿命在 10 年左右，超过 10 年后主要部件磨损较为严重，需要更换新配件才能使用。

（3）故障率较高，导致使用成本高

由于普通自动扶梯和自动人行道始终保持高速运转，大量的易损件更换次数频繁，需要大量的费用；磨损加大且发热量高也导致自动扶梯和自动人行道的故障率增加，进一步造成用户使用成本上升，同时也增加自动扶梯的维修量而影响正常使用。

这种既不合理又不经济的运行方式与国家提倡节能降耗、提高设备运行效率的方针是很不一致的，需要解决上述缺陷，达到节约运行成本、提高经济效益的目的。自动扶梯和自动人行道属于特种设备，在达到节能且满足经济效益的同时也要符合国家强制标准，因此节能系统必须满足：

1）启动运行平稳，无抖动。

2）无人乘梯时，保证自动扶梯自动平稳过渡到节能运行。

3）应能向乘客指明自动扶梯和自动人行道是否可供使用及其运行方向。

4）应能使自动启动的自动扶梯和自动人行道经过充足的时间（至少为预期乘客输送时间再加上 10s）才能自动停止运行。

5）如果使用者从与预定运行方向相反的方向进入时，自动扶梯和自动人行道仍应按预先确定的方向启动，运行时间应不少于10s。

6）应能在使用者走到梳齿相交线之前启动运行。

7）当使用检修控制装置时，其他所有启动开关都应不起作用，即当连接一个以上的检修控制装置时，启动开关都不起作用，或者需要同时启动才能起作用。但安全开关和安全电路应仍起作用。

2．自动扶梯节能方式的演变

随着科技进步，许多国外先进技术不断被引进，自动扶梯节能方式演变到现在基本上有以下4种。

（1）自动控制运行方式

在自动扶梯上下口处安装光电传感器，一旦传感器检测到有乘客进入自动扶梯（距梳齿板1.3m左右），自动扶梯开始启动运行，如乘客继续进入自动扶梯，自动扶梯将一直以额定速度正常运行。如在预先设定的时间内没再检测到有乘客进入自动扶梯或自动扶梯出口侧传感器检测到最后一个乘客离开自动扶梯后，在预先设定的时间内也没有检测到有乘客进入自动扶梯，则自动扶梯将自动停梯。待有乘客进入自动扶梯时，自动扶梯再投入运行。

（2）Y－△启动运行方式（ECO方式）

利用自动扶梯Y－△启动装置在自动扶梯投入运行后，当自动扶梯处于空载或轻载时，控制系统将驱动电动机从△形运行自动切换到Y形运行来降低能耗。当自动扶梯负载增加后，自动扶梯再自动转成△形运行。

（3）电动机软启动的方法

同样采用光电感应的原理，对电动机进行软启动。

（4）变频运行方式

在自动扶梯上安装变频装置，自动扶梯开始运行时通过变频器启动，当自动扶梯达到100%额定速度运行后，根据客流情况自动调节自动扶梯的运行速度。如没有乘客乘梯，自动扶梯由100%额定速度自动降为20%额定速度运行（如自动扶梯在20%速度下运行很长一段时间仍没有人乘梯，则自动扶梯可以自动平缓地停梯待命，该功能可自行设定）；当自动扶梯光电开关检测到有乘客时，自动扶梯马上平缓地升至100%额定速度运行，如乘客继续进入自动扶梯，自动扶梯将一直以额定速度正常运行。当系统在一定时间内未检测到乘客时系统开始减速，并停留在低速运行状态，直到再次有乘客为止。

按照系统必须满足的要求来比较以上几种节能运行方式，可以看出：

1）自动控制运行方式节能效果明显，控制方式简单可靠，所需费用低廉。但会造成自动扶梯频繁启停；电梯在无人感应后就停止运行，乘客不知道电梯是否可以乘坐和电梯运行的方向，不符合国家强制标准。

2）Y－△启动运行方式有节能效果（理论上可节电 30% 左右），但自动扶梯启动后，一直以额定速度连续运行，增加了自动扶梯的耗损；在自动扶梯检测重载和轻载上存在问题，当自动扶梯轻载时，系统可能还是以慢速运行，自动扶梯代步的基本功能就受到影响。

3）若采用电动机软启动，除了有不好识别方向缺陷外，对电网的干扰也很大。

4）变频运行方式节电效果突出（理论上可节电 60% 左右），与自动控制运行方式相比没有频繁启动问题，自动扶梯磨损小。以爬行速度运行时可提示乘客乘梯方向。

变频器已经在国内广泛地运用在生产和生活中，高性能矢量变频器能够提供足够的输出转矩，且过载能力强，能保证在大负荷下也能实现安全强有力的运行；转速调节精度高，在开环时速度误差小于 0.5%，转矩响应时间小于 10s；具有超强的过载能力。随着近年来电梯技术的发展，以变频器为核心的节能技术已悄然兴起，具体的方案是：

① 主要配置方面：

a．电梯用矢量变频器。

b．PLC（或微机板控制）。

c．接触器、继电器。

d．光电传感器。

② 控制原理方面：

控制系统在原工频控制系统的基础上，加装变频器、光电开关、自动扶梯变频运行专用控制器以及其他必要辅助元件后组成新的附加控制柜。自动扶梯运行通过变频器启动，当自动扶梯达到额定速度运行后，如无乘客乘梯，自动扶梯由额定速度自动降为（爬行速度）20% 额定速度。如安装在自动扶梯出入口处的传感器检测到有乘客乘梯则自动扶梯速度马上平缓地升至额定速度，如乘客继续进入自动扶梯，自动扶梯将一直以额定速度正常运行。如在预先设定的时间内自动扶梯入口处的传感器没再检测到有乘客进入自动扶梯，自动扶梯将自动转至爬行速度运行。

③ 工作特点方面：

a．采用变频调速节能控制装置与原系统并存，借用原系统的安全条件且两系统的安全条件为逻辑“与”关系。

b．控制柜设计成可移动结构。正常运行时将控制柜放入机房内；维修时将控制柜移出到机房外。设计上已考虑到散热、移动及接地问题。

c. 变频调速节能控制装置对原系统的信号采集，采用继电器取样方式。

d. 光电信号传感器的安装位置在自动扶梯入口处尽量靠近外侧，考虑到尽可能不对自动扶梯和自动人行道机械部分进行加工，传感器安装要注意防护并做好合理的布线工作，以确保运行的可靠性。

e. 运行状态：无人乘梯时，自动扶梯以20%额定速度运行，系统处于节能状态；有人乘梯时，自动扶梯自动以节能速度平稳地过渡到额定速度运行；检修时系统以50%额定速度点动运行。

自动扶梯和自动人行道的变频节能技术的优点：

1）系统采用PLC可编程序控制器（或微电脑控制装置）与变频器的控制组合，功能强大。

2）节能明显：无人乘梯时，保证自动扶梯自动平稳地过渡到节能运行，以20%额定速度运行。此时电动机的实际运行功率只有原来的40%左右，用电量明显降低。

3）减少磨损，降低噪声：自动扶梯的80%是机械系统，当机械系统长时间高速运行与慢速运行时，其磨损程度是不一样的。由于转速下降，机械部件的磨损明显减少（如减少电动机、减速箱、扶手带等产生不必要的磨损及疲劳损伤），相对延长了自动扶梯的使用寿命，机械的磨损大大降低，也就成倍降低了自动扶梯易损件的维护费用，且减少噪声产生，相对延长了自动扶梯的使用寿命。

4）变频技术的采用大大降低了自动扶梯启动时对电网的冲击，采用变频器可有效改善电网的功率因数，降低无功损耗。

自动扶梯变频节能技术的成功使用使原来的自动扶梯运行时单一高速运转变成了多段速运行，既实现了自动启动、停止和多段速运行，又实现了节能，具有显著的经济效益和社会效益。节能技术是与科技进步和生产力的发展分不开的，只有适时推行新科学、新技术，才能更好地推进节能运行。

# 参考文献


陈家盛，2010．电梯结构原理及安装维修［M］．北京：机械工业出版社．

冯国庆，刘载文，2004．电梯维修与操作［M］．北京：中国劳动社会保障出版社．

国家市场监督管理总局，2018．自动扶梯和自动人行道主要部件报废技术条件：GB/T 37217—2018［S］．北京：中国标准出版社．

李秧耕，何乔治，何峰峰，2003．电梯基本原理及安装维修全书［M］．北京：机械工业出版社．

马飞辉，2011．电梯安全使用与维护保养技术［M］．广州：华南理工大学出版社．

毛宗源，等，1996，微机控制电梯［M］．北京：国防大学出版社．

沈任元，吴勇，2001．常用电子元器件简明手册［M］．北京：机械工业出版社．

汤湘林，2013．电梯保养与维护技术［M］．北京：中国劳动社会保障出版社．

吴忠智，吴加林，2000．变频器应用手册［M］．北京：机械工业出版社．

辛建国，2001．电梯维修实用手册［M］．北京：中国纺织出版社．

阎石，2003．数字电子技术基础［M］．北京：高等教育出版社．

中华人民共和国国家质量监督检验检疫总局，2003．电梯制造与安装安全规范：GB 7588—2003［S］．北京：中国标准出版社．

中华人民共和国国家质量监督检验检疫总局，2009．电梯曳机：GB/T 24487—2009［S］．北京：中国标准出版社．

中华人民共和国国家质量监督检验检疫总局，2011．自动扶梯和自动人行道的制造与安装安全规范：GB 16899—2011［S］．北京：中国标准出版社．

中华人民共和国国家质量监督检验检疫总局，2015．电梯主要部件报废技术条件：GB/T 31821—2015［S］．北京：中国标准出版社．

中华人民共和国国家质量监督检验检疫总局，2016．起重机 钢丝绳 保养、维护、检验和报废：GB/T 5972—2016［S］．北京：中国标准出版社．

中华人民共和国国家质量监督检验检疫总局，2017．电梯维护保养规则：TSG T 5002—2017［S］．北京：新华出版社．

中华人民共和国国家质量监督检验检疫总局，2019．机械电气安全　机械电气设备　第 1 部分：通用技术条件：GB/T 5226.1—2019［S］．北京：中国标准出版社．

# 附录 1　电梯周期日常维护保养项目表

附表 1-1　电梯基本情况及技术参数

<table>
<tr><td>使用单位</td><td colspan="5"></td></tr>
<tr><td>使用地点</td><td colspan="5"></td></tr>
<tr><td>设备注册代码</td><td colspan="2"></td><td colspan="2">电梯编号</td><td></td></tr>
<tr><td>制造单位</td><td colspan="2"></td><td colspan="2">产品出厂编号</td><td></td></tr>
<tr><td>改造（大修）单位</td><td colspan="5"></td></tr>
<tr><td>日常维护保养单位</td><td colspan="5"></td></tr>
<tr><td>电梯型号</td><td colspan="2"></td><td colspan="2">改造后型号</td><td></td></tr>
<tr><td>额定载质量</td><td>kg</td><td>额定速度</td><td>m/s</td><td>层站</td><td>（　）层（　）站</td></tr>
</table>

附表 1-2　半月保养项目内容及要求

| 序号 | 内容及要求 | 是 / 否 |
|---|---|---|
| 1 | 机房、滑轮间、轿顶、底坑应清洁 | |
| 2 | 警铃、通信系统，应可靠有效 | |
| 3 | 轿厢照明应齐全，风扇工作应正常 | |
| 4 | 轿厢内应急照明应能正常工作 | |
| 5 | 轿厢内按钮应齐全有效 | |
| 6 | 轿厢内显示应正确 | |
| 7 | 候梯厅按钮应齐全有效 | |
| 8 | 候梯厅显示应齐全正确 | |
| 9 | 制动器动作应可靠，应保持有足够的制动力 | |
| 10 | 制动器各销轴部位应润滑，动作灵活 | |
| 11 | 制动衬磨损不应大于原厚度的 1/3 | |
| 12 | 制动器打开时，闸瓦与制动轮不应发生摩擦 | |
| 13 | 控制柜内各元器件应整洁，各仪表指示（显示）正确，各接线应紧固 | |
| 14 | 电机在运行时应平稳，无振动 | |

续表

| 序号 | 内容及要求 | 是 / 否 |
|---|---|---|
| 15 | 曳引机运行时不得有杂音、冲击和振动 | |
| 16 | 直流电机换向器工作正常 | |
| 17 | 测速发电机皮带工作正常，无裂纹 | |
| 18 | 选层器动静触点应清洁，无烧蚀 | |
| 19 | 限速器各销轴部位转动灵活 | |
| 20 | 平层精度应达到标准要求 | |
| 21 | 自动门在开启和关闭时应平稳无振动，换速准确 | |
| 22 | 自动门防夹保护装置功能正常 | |
| 23 | 厅门自闭功能正常，用厅门钥匙开锁释放后能自动复位 | |
| 24 | 门锁触点应清洁，接触良好 | |
| 25 | 厅门锁紧元件啮合长度不小于 7mm | |
| 26 | 导靴油杯吸油毛毡齐全，油量适宜，保证油质 | |

| 维护保养人员（签字） | | 保养日期 | |
|---|---|---|---|
| 使用单位电梯安全管理人员确认（签字） | | 日期 | |

注：经清洁、检查、润滑、调整、更换零部件等保养工作后功能正常的项目，在“是 / 否”一栏内画“√”。

有不正常项目但不影响正常安全使用而要求另外安排处理的画“×”，无此项画“/”，有数据要求的填写实测数据。

**附表 1-3　月保养项目内空及要求**

| 序号 | 内容及要求 | 是 / 否 |
|---|---|---|
| 1 | 机房、滑轮间、轿顶、底坑应清洁 | |
| 2 | 电动机在运行时应平稳，无振动 | |
| 3 | 直流电动机换向器工作正常 | |
| 4 | 测速发电动机皮带工作正常，无裂纹 | |
| 5 | 电动机与曳引机联轴器螺栓无松动 | |
| 6 | 曳引机运行时不得有杂音、冲击和振动 | |
| 7 | 减速箱内油量适宜，除蜗杆伸出端外均无渗漏，箱体内油温不应高于 85℃ | |
| 8 | 制动器动作应可靠，应保持有足够的制动力 | |
| 9 | 制动器各销轴部位应润滑灵活 | |
| 10 | 制动衬磨损不应大于原厚度的 1/3 | |
| 11 | 制动器打开时，闸瓦与制动轮不应发生摩擦 | |
| 12 | 限速器销轴部位润滑转动灵活 | |
| 13 | 限速器轮槽清洁无油腻 | |

续表

| 序号 | 内容及要求 | 是 / 否 |
| --- | --- | --- |
| 14 | 限速器清洁无油腻 | |
| 15 | 限速器绳钳口无磨损，应有足够的夹持力 | |
| 16 | 控制柜内各元器件应整洁，各仪表指示（显示）正确，各接线应紧固 | |
| 17 | 选层器动静触点应清洁，无烧蚀 | |
| 18 | 警铃、通信系统、应可靠有效 | |
| 19 | 轿厢照明应齐全，风扇工作应正常 | |
| 20 | 轿厢内应急照明应能正常工作 | |
| 21 | 轿厢内按钮应齐全有效 | |
| 22 | 轿厢内显示应正确 | |
| 23 | 候梯厅按钮应齐全有效 | |
| 24 | 候梯厅显示应齐全正确 | |
| 25 | 平层精度应达到标准要求 | |
| 26 | 厅轿门润滑 | |
| 27 | 厅轿门各固定部位无松动，间隙尺寸无变化 | |
| 28 | 轿门开头门终端位置开头工作正常 | |
| 29 | 自动门在开启和关闭时应平稳无振动，换速准确 | |
| 30 | 自动门防夹保护装置功能正常 | |
| 31 | 厅门自闭功能正常，用厅门钥匙开锁释放后能自动复位 | |
| 32 | 门锁触点应清洁，接触良好 | |
| 33 | 厅门锁紧元件啮合长度不小于 7mm | |
| 34 | 轿顶应清洁，检修功能正常 | |
| 35 | 导靴油杯吸油毛毡齐全，油量适宜，保证油质 | |
| 36 | 安全钳传动机构应灵活 | |
| 37 | 安全钳座固定无松动 | |
| 38 | 安全钳楔块与导轨间隙均匀，动作一致 | |
| 39 | 缓冲器固定无松动 | |
| 40 | 耗能缓冲器内油量适宜，柱塞无锈蚀 | |
| 41 | 轿厢称量装置有效、准确 | |

| 维护保养人员（签字） | | 保养日期 | |
| --- | --- | --- | --- |
| 使用单位电梯安全管理人员确认（签字） | | 日 期 | |

注：经清洁、检查、润滑、调整、更换零部件等保养工作后功能正常的项目，在“是 / 否”一栏内画“√”。

有不正常项目但不影响正常安全使用而要求另外安排处理的画“×”，无此项画“/”，有数据要求的填写实测数据。

附表 1-4　季度保养项目内容及要求

| 序号 | 内容及要求 | 是 / 否 |
|---|---|---|
| 1 | 机房、滑轮间、轿顶、底坑应清洁 | |
| 2 | 机房照明设备齐全，有足够的照度 | |
| 3 | 电机在运行时应平稳，无振动 | |
| 4 | 直流电机换向器工作正常 | |
| 5 | 测速发电机皮带工作正常，无裂纹 | |
| 6 | 电动机与曳引机联轴器螺栓无松动 | |
| 7 | 曳引机运行时不得有杂音、冲击和振动 | |
| 8 | 减速箱内油量适宜，除蜗杆伸出端外均无渗漏，箱体内油温不应高于 85℃ | |
| 9 | 制动器动作应可靠，应保持有足够的制动力 | |
| 10 | 制动器各销轴部位应润滑灵活 | |
| 11 | 制动衬磨损不应大于原厚度的 1/3 | |
| 12 | 制动器打开时，闸瓦与制动轮不应发生摩擦 | |
| 13 | 限速器销轴部位润滑转动灵活 | |
| 14 | 限速器轮槽清洁无油腻 | |
| 15 | 限速器清洁无油腻 | |
| 16 | 限速器不借绳钳口无磨损，应有足够的夹持力 | |
| 17 | 控制柜内各元器件应整洁，各仪表指示（显示）正确，各接线应紧固 | |
| 18 | 控制柜接线整齐，线号齐全清晰 | |
| 19 | 位置脉冲发生器工作正常 | |
| 20 | 选层器动静触点应清洁，无烧蚀 | |
| 21 | 警铃、通信系统应可靠有效 | |
| 22 | 轿厢照明应齐全，风扇工作应正常 | |
| 23 | 轿厢内应急照明应能正常工作 | |
| 24 | 轿厢内按钮应齐全有效 | |
| 25 | 轿厢内显示应正确 | |
| 26 | 候梯厅按钮应齐全有效 | |
| 27 | 候梯厅显示应齐全正确 | |
| 28 | 厅外消防开关正常有效 | |
| 29 | 平层精度应达到标准要求 | |

续表

| 序号 | 内容及要求 | 是 / 否 |
|---|---|---|
| 30 | 厅轿门门头、地坎无松动、变形 | |
| 31 | 厅轿门系统润滑 | |
| 32 | 厅轿门各固定部位无松动，间隙尺寸无变化 | |
| 33 | 轿门开关门终端位置开关工作正常 | |
| 34 | 自动门在开启和关闭时应平稳无振动，换速准确 | |
| 35 | 自动门防夹保护装置功能正常 | |
| 36 | 厅门自闭功能正常，用厅门钥匙开锁释放后能自动复位 | |
| 37 | 门锁触点应清洁，接触良好 | |
| 38 | 厅门锁紧元件啮合长度不小于 7mm | |
| 39 | 轿顶应清洁，检修功能正常 | |
| 40 | 厅门锁紧元件啮合长度不小于 7mm | |
| 41 | 靴衬、滚轮无变形、脱落 | |
| 42 | 曳引绳张力均匀 | |
| 43 | 曳引绳绳头组合螺母无松动 | |
| 44 | 补偿链（绳）与轿厢、对重连接处固定无松动 | |
| 45 | 安全钳传动机构应灵活 | |
| 46 | 安全钳座固定无松动 | |
| 47 | 安全钳楔块与导轨间隙均匀，动作一致 | |
| 48 | 缓冲器固定无松动 | |
| 49 | 耗能缓冲器内油量适宜，柱塞无锈蚀 | |
| 50 | 轿厢称量装置有效、准确 | |
| 51 | 上下极限开关、限位开关、强迫换速开关应工作正常有效 | |
| 52 | 井道、底坑照明齐全 | |

| 维护保养人员（签字） | | 保养日期 | |
|---|---|---|---|
| 使用单位电梯安全<br>管理人员确认（签字） | | 日　期 | |

注：经清洁、检查、润滑、调整、更换零部件等保养工作后功能正常的项目，在“是 / 否”一栏内画“√”。

有不正常项目但不影响正常安全使用而要求另外安排处理的画“×”，无此项画“/”，有数据要求的填写实测数据。

附表 1-5　半年保养项目内容及要求

| 序号 | 内容及要求 | 是 / 否 |
| --- | --- | --- |
| 1 | 机房、滑轮间、轿顶、底坑应清洁 | |
| 2 | 机房照明设备齐全，有足够的照度 | |
| 3 | 电机在运行时应平稳，无振动 | |
| 4 | 直流电机换向器工作正常 | |
| 5 | 直流电机碳刷及刷架工作正常 | |
| 6 | 测速发电机皮带工作正常，无裂纹 | |
| 7 | 电动机与曳引机联轴器螺栓无松动 | |
| 8 | 曳引机运行时不得有杂音、冲击和振动 | |
| 9 | 曳引轮轮槽无变形，磨损不超标，轮槽无油腻 | |
| 10 | 导向轮轴承无异常 | |
| 11 | 上行超速保护装置的接触器触点应清洁，无烧蚀 | |
| 12 | 上行超速保护装置的机械装置应动作灵活，可靠 | |
| 13 | 减速箱内油量适宜，除蜗杆伸出端外均无渗漏，箱体内油温不应高于 85℃ | |
| 14 | 制动器动作应可靠，应保持有足够的制动力 | |
| 15 | 制动器各销轴部位应润滑灵活 | |
| 16 | 制动衬磨损不应大于原厚度的 1/3 | |
| 17 | 制动器打开时，闸瓦与制动轮不应发生摩擦 | |
| 18 | 限速器销轴部位润滑转动灵活 | |
| 19 | 限速器轮槽清洁无油腻 | |
| 20 | 限速器清洁无油腻 | |
| 21 | 限速器绳钳口无磨损，应有足够的夹持力 | |
| 22 | 控制柜内各元器件应整洁 | |
| 23 | 控制柜内各元器件应整洁，各仪表指示（显示）正确，各接线应紧固 | |
| 24 | 控制柜接线整齐，线号齐全清晰 | |
| 25 | 位置脉冲发生器工作正常 | |
| 26 | 选层器动静触点应清洁，无烧蚀 | |
| 27 | 警铃、通信系统应可靠有效 | |
| 28 | 轿厢照明应齐全，风扇工作应正常 | |
| 29 | 轿厢内应急照明应能正常工作 | |
| 30 | 轿厢内按钮应齐全有效 | |

续表

| 序号 | 内容及要求 | 是 / 否 |
|---|---|---|
| 31 | 轿厢内显示应正确 | |
| 32 | 候梯厅按钮应齐全有效 | |
| 33 | 候梯厅显示应齐全正确 | |
| 34 | 厅外消防开关正常、有效 | |
| 35 | 平层精度应达到标准要求 | |
| 36 | 厅轿门润滑良好 | |
| 37 | 厅轿门门头、地坎及各固定部位无松动，间隙尺寸无变化 | |
| 38 | 轿门开关门终端位置开关工作正常 | |
| 39 | 开门机构清洁、润滑 | |
| 40 | 直流滚门机碳刷及换向器工作正常 | |
| 41 | 自动门在开启和关闭时应平稳无振动，换速准确 | |
| 42 | 自动门防夹保护装置功能正常 | |
| 43 | 厅门上自闭功能正常，用厅门钥匙开锁释放后能自动复位 | |
| 44 | 门锁触点应清洁，接触良好 | |
| 45 | 厅门锁紧元件啮合长度不小于 7mm | |
| 46 | 轿顶应清洁，检修功能正常 | |
| 47 | 导靴油杯吸油毛毡齐全，油量适宜，保证油质 | |
| 48 | 靴衬、滚轮无变形、脱落 | |
| 49 | 曳引绳磨损、断丝未超标 | |
| 50 | 曳引绳磨损未超标，无断丝 | |
| 51 | 补偿绳磨损、断丝未超标 | |
| 52 | 限速绳磨损、断丝未超标，无油腻 | |
| 53 | 曳引绳张力均匀 | |
| 54 | 曳引绳绳头组合螺母无松动 | |
| 55 | 补偿链（绳）与轿厢、对重连接处固定无松动 | |
| 56 | 导轨支架固定无松动 | |
| 57 | 安全钳传动机构应灵活 | |
| 58 | 安全钳座固定无松动 | |
| 59 | 安全钳楔块与导轨间隙均匀，动作一致 | |
| 60 | 以检修速度下行，安全钳功能试验 | |

续表

| 序号 | 内容及要求 | 是 / 否 |
|---|---|---|
| 61 | 缓冲器固定无松动 | |
| 62 | 耗能缓冲器内油量适宜，柱塞无锈蚀 | |
| 63 | 对重距缓冲器距离符合要求 | |
| 64 | 轿厢称量装置有效、准确 | |
| 65 | 上下极限开关、限位开关、强迫换速开关应工作正常有效 | |
| 66 | 井道、底坑照明齐全 | |
| 维护保养人员（签字） | | 保养日期 | |
| 使用单位电梯安全管理人员确认（签字） | | 日　期 | |

注：经清洁、检查、润滑、调整、更换零部件等保养工作后功能正常的项目，在“是 / 否”一栏内画“√”。

有不正常项目但不影响正常安全使用而要求另外安排处理的画“×”，无此项画“/”，有数据要求的填写实测数据。

**附表 1-6　年保养项目内容及要求**

| 序号 | 内容及要求 | 是 / 否 |
|---|---|---|
| 1 | 电梯全面清洁 | |
| 2 | 机房照明设备齐全，有足够的照度 | |
| 3 | 电机在运行时应平稳，无振动 | |
| 4 | 直流电机换向器工作正常 | |
| 5 | 直流电机碳刷及刷架工作正常 | |
| 6 | 测速发电机皮带工作正常，无裂纹 | |
| 7 | 电动机与曳引机联轴器螺栓无松动 | |
| 8 | 曳引机运行时不得有杂音、冲击和振动 | |
| 9 | 曳引轮轮槽无变形，磨损不超标，轮槽无油腻 | |
| 10 | 导向轮轴承无异常 | |
| 11 | 上行超速保护装置的接触器触点应清洁，无烧蚀 | |
| 12 | 上行超速保护装置的机械装置应动作灵活，可靠 | |
| 13 | 更换减速箱内齿轮油（按使用维护说明书） | |
| 14 | 减速箱内油量适宜，除蜗杆伸出端外均无渗漏，箱体内油温不应高于 85℃ | |
| 15 | 制动器铁芯清理 | |
| 16 | 制动器动作应可靠，应保持有足够的制动力 | |
| 17 | 制动器各销轴部位应润滑灵活 | |
| 18 | 制动衬磨损不应大于原厚度的 1/3 | |

续表

| 序号 | 内容及要求 | 是 / 否 |
|---|---|---|
| 19 | 制动器打开时，闸瓦与制动轮不应发生摩擦 | |
| 20 | 限速器销轴部位润滑转动灵活 | |
| 21 | 限速器轮槽清洁无油腻 | |
| 22 | 限速器清洁无油腻 | |
| 23 | 限速器绳钳口无磨损，应有足够的夹持力 | |
| 24 | 控制柜内各元器件应整洁 | |
| 25 | 控制柜内各元器件应整洁，各仪表指示（显示）正确，各接线应紧固 | |
| 26 | 控制柜接线整齐，线号齐全清晰 | |
| 27 | 动力电路绝缘性能测试 | |
| 28 | 其他电路绝缘性能测试 | |
| 29 | 接地电阻性能测试 | |
| 30 | 位置脉冲发生器工作正常 | |
| 31 | 选层器动静触点应清洁，无烧蚀 | |
| 32 | 警铃、通信系统应可靠有效 | |
| 33 | 轿厢照明应齐全，风扇工作应正常 | |
| 34 | 轿厢内应急照明应能正常工作 | |
| 35 | 轿厢内按钮应齐全有效 | |
| 36 | 轿厢内显示应正确 | |
| 37 | 候梯厅按钮应齐全有效 | |
| 38 | 候梯厅显示应齐全正确 | |
| 39 | 厅外消防开关正常有效 | |
| 40 | 平层精度应达到标准要求 | |
| 41 | 厅轿门润滑良好 | |
| 42 | 厅轿门门头、地坎及各固定部位无松动，间隙尺寸无变化 | |
| 43 | 轿门开关门终端位置开关工作正常 | |
| 44 | 开门机构清洁、润滑 | |
| 45 | 直流滚门机碳刷及换向器工作正常 | |
| 46 | 自动门在开启和关闭时应平稳无振动，换速准确 | |
| 47 | 自动门防夹保护装置功能正常 | |
| 48 | 厅门上自闭功能正常，用厅门钥匙开锁释放后能自动复位 | |
| 49 | 门锁触点应清洁，接触良好 | |
| 50 | 厅门锁紧元件啮合长度不小于 7mm | |

续表

| 序号 | 内容及要求 | 是 / 否 |
|---|---|---|
| 51 | 轿顶应清洁，检修功能正常 | |
| 52 | 导靴油杯吸油毛毡齐全，油量适宜，保证油质 | |
| 53 | 靴衬、滚轮无变形、脱落 | |
| 54 | 曳引绳磨损、断丝未超标，无油腻 | |
| 55 | 限速绳磨损、断丝未超标，无油腻 | |
| 56 | 补偿绳磨损、断丝未超标，无油腻 | |
| 57 | 曳引绳张力均匀 | |
| 58 | 曳引绳绳头组合螺母无松动 | |
| 59 | 补偿链（绳）与轿厢、对重连接处固定无松动 | |
| 60 | 随行电缆检查，应无损查 | |
| 61 | 上下限位、极限检查 | |
| 62 | 导轨支架固定无松动 | |
| 63 | 安全钳传动机构应灵活 | |
| 64 | 安全钳座固定无松动 | |
| 65 | 安全钳楔块与导轨间隙均匀，动作一致 | |
| 66 | 检修速度下行，安全钳功能试验 | |
| 67 | 缓冲器固定无松动 | |
| 68 | 耗能缓冲器内油量适宜，柱塞无锈蚀 | |
| 69 | 缓冲器复位性能试验 | |
| 70 | 对重距缓冲器距离 | |
| 71 | 轿厢称量装置有效、准确 | |
| 72 | 上下极限开关、限位开关、强迫换速开关应工作正常有效 | |
| 73 | 井道、底坑照明齐全 | |
| 74 | 消防联动功能试验 | |

| 维护保养人员（签字） | | 保养日期 | |
|---|---|---|---|
| 使用单位电梯安全管理人员确认（签字） | | 日 期 | |

注：经清洁、检查、润滑、调整、更换零部件等保养工作后功能正常的项目，在“是 / 否”一栏内画“ √ ”。

有不正常项目但不影响正常安全使用而要求另外安排处理的画“×”，无此项画“/”，有数据要求的填写实测数据。

# 附录 2　自动扶梯和自动人行道周期日常维护保养项目表

**附表 2-1　自动扶梯和自动人行道基本情况及技术参数**

<table>
<tr><td>使用单位</td><td colspan="5"></td></tr>
<tr><td>使用地点</td><td colspan="5"></td></tr>
<tr><td>设备注册代码</td><td colspan="3"></td><td>设备编号</td><td></td></tr>
<tr><td>制造单位</td><td colspan="5"></td></tr>
<tr><td>日常维护保养单位</td><td colspan="5"></td></tr>
<tr><td>梯种</td><td></td><td>型号</td><td></td><td>角度</td><td></td></tr>
<tr><td>额定速度</td><td>m/s</td><td>提升高度</td><td>m</td><td>梯级宽度</td><td>mm</td></tr>
</table>

**附表 2-2　半月日常维护保养内容与要求**

| 序号 | 内容及要求 | 是 / 否 |
|---|---|---|
| 1 | 分离机房、各驱动和转向站应清洁、无杂物 | |
| 2 | 两端和中间紧急停车按钮的功能正常有效 | |
| 3 | 自动运行功能正常 | |
| 4 | 上下机房照明应完好无损 | |
| 5 | 减速箱油位，油量应在油标尺上下极限位置之间，无渗油 | |
| 6 | 飞轮速度传感器，功能可靠，清洁感应面，感应间隙 2 ～ 3mm | |
| 7 | 制动机械装置清洁和润滑，动作灵活 | |
| 8 | 主制动器动作可靠 | |
| 9 | 制动带，检查磨损情况，制动衬厚度应≥ 1.5mm<br>制动带松开时不应摩擦制动盘 | |
| 10 | 制动触点功能可靠 | |
| 11 | 制动带监控器，清洁感应面，功能可靠 | |
| 12 | 附加制动器，清洁和润滑，功能可靠 | |
| 13 | 制动距离，空载向下运行制动距离为 0.5m/s 0.2m ～ 1.00m、0.65m/s 0.3 ～ 1.30m、0.75m/s 0.35 ～ 1.50m | |

续表

| 序号 | 内容及要求 | 是/否 |
| --- | --- | --- |
| 14 | 控制柜及主电源开关接线应牢固 | |
| 15 | 电动机通风口应清洁 | |
| 16 | 主驱动链张紧，松边下垂量 10 ~ 15mm | |
| 17 | 主驱动链表面油污清理和润滑 | |
| 18 | 主驱动链保护装置，链条滑块应清洁，厚度≥ 13mm | |
| 19 | 主驱动链断裂开关功能可靠，开关间隙为 2mm | |
| 20 | 围裙板探头表面应清洁，功能可靠 | |
| 21 | 梯级、踏板与围裙板任一侧水平间隙≤ 4mm | |
| 22 | 自动人行道的围裙板设置在踏板或胶带之上时，踏板与围裙之间垂直距离≤ 4mm | |
| 23 | 踏板或胶带的横向摆动时，侧边与围裙板垂直投影不应产生间隙 | |
| 24 | 梳齿板应完好无损 | |
| 25 | 梳齿板照明应完好无损 | |
| 26 | 梳齿板梳齿与踏板面齿槽啮合深度≥ 6mm，间隙≤ 4mm | |
| 27 | 梳齿板梳齿与胶带齿槽啮合深度≥ 4mm，间隙≤ 4mm | |
| 28 | 梳齿板开关动作可靠 | |
| 29 | 扶手带入口处保护开关动作灵活可靠 | |
| 30 | 自动润滑系统工作正常 | |

| 维护保养人员（签字） | | 保养日期 | |
| --- | --- | --- | --- |
| 使用单位电梯安全管理人员确认（签字） | | 日期 | |

注：经清洁、检查、润滑、调整、更换零部件等保养工作后功能正常的项目，在“是 / 否”一栏内画“√”。

有不正常项目但不影响正常安全使用而要求另外安排处理的画“×”，无此项画“/”，有数据要求的填写实测数据。

**附表 2-3　季度日常维护保养内容与要求**

| 序号 | 内容及要求 | 是/否 |
| --- | --- | --- |
| 1 | 分离机房、各驱动和转向站应清洁无杂物 | |
| 2 | 两端和中间紧急停车按钮的功能正常有效 | |
| 3 | 运行方向显示应正常 | |
| 4 | 自动运行功能正常 | |
| 5 | 上下机房照明应完好无损 | |
| 6 | 减速箱油位，油量应在油标尺上下极限位置之间，无渗油 | |

续表

| 序号 | 内容及要求 | 是 / 否 |
| --- | --- | --- |
| 7 | 飞轮速度传感器，功能可靠，清洁感应面，感应间隙 2 ～ 3mm | |
| 8 | 制动机械装置清洁和润滑，动作灵活 | |
| 9 | 主制动器动作可靠 | |
| 10 | 制动带，检查磨损情况，制动衬厚度应≥ 1.5mm<br>制动带松开时不应摩擦制动盘 | |
| 11 | 制动触点功能可靠 | |
| 12 | 制动带监控器，清洁感应面，功能可靠 | |
| 13 | 附加制动器，清洁和润滑，功能可靠 | |
| 14 | 制动距离，空载向下运行制动距离为 0.5m/s，0.2 ～ 1.00m；0.65m/s，0.3 ～ 1.30m；0.75m/s，0.35 ～ 1.50m | |
| 15 | 控制柜及主电源开关接线应牢固 | |
| 16 | 电动机通风口应清洁 | |
| 17 | 主驱动链张紧，松边下垂量 10 ～ 15mm | |
| 18 | 主驱动链表面油污清理和润滑 | |
| 19 | 主驱动链保护装置，链条滑块应清洁，厚度≥ 13mm | |
| 20 | 主驱动链断裂开关功能可靠，开关间隙为 2mm | |
| 21 | 围裙板探头表面应清洁，功能可靠 | |
| 22 | 梯级、踏板与围裙板任一侧水平间隙≤ 4mm，两侧之和≤ 7mm | |
| 23 | 自动人行道的围裙板设置在踏板或胶带之上时，踏板与围裙之间的垂直距离≤ 4mm | |
| 24 | 踏板或胶带的横向摆动时，侧边与围裙板垂直投影不应产生间隙 | |
| 25 | 梳齿板照明应完好无损 | |
| 26 | 梳齿板梳齿与踏板面齿槽啮合深度≥ 6mm，间隙≤ 4mm | |
| 27 | 梳齿板梳齿与胶带齿槽啮合深度≥ 4mm，间隙≤ 4mm | |
| 28 | 梳齿板开关动作可靠 | |
| 29 | 扶手带入口处保护开关动作灵活可靠 | |
| 30 | 扶手带表面清洁，无毛刺，无机械损伤，出入口处居中，运行无摩擦 | |
| 31 | 扶手带表面完好无损 | |
| 32 | 扶手带导向轮应清洁、完好无损，与扶手带内侧底部无摩擦 | |
| 33 | 扶手带内侧凸缘处无损伤，滑动面清洁 | |
| 34 | 扶手带轮和滑轮群应无损伤，托轮转动平滑 | |
| 35 | 扶手带断带保护开关功能正常 | |

续表

| 序号 | 内容及要求 | 是 / 否 |
| --- | --- | --- |
| 36 | 扶手带速度监控器功能正常，感应面应清洁 | |
| 37 | 扶手带张紧度张紧弹簧负荷长度应符合技术要求 | |
| 38 | 扶手带照明应完好无损 | |
| 39 | 扶手栏板 / 玻璃完好无损 | |
| 40 | 自动润滑系统工作正常 | |

| 维护保养人员（签字） | | 保养日期 | |
| --- | --- | --- | --- |
| 使用单位电梯安全管理人员确认（签字） | | 日期 | |

注：经清洁、检查、润滑、调整、更换零部件等保养工作后功能正常的项目，在“是 / 否”一栏内画“√”。有不正常项目但不影响正常安全使用而要求另外安排处理的画“×”，无此项画“/”，有数据要求的填写实测数据。

**附表 2-4　半年日常维护保养内容与要求**

| 序号 | 内容及要求 | 是 / 否 |
| --- | --- | --- |
| 1 | 分离机房、各驱动和转向站应清洁无杂物 | |
| 2 | 两端和中间紧急停车按钮的功能正常有效 | |
| 3 | 运行方向显示应正常 | |
| 4 | 自动运行功能正常 | |
| 5 | 上下机房照明应完好无损 | |
| 6 | 减速箱油位，油量应在油标尺上下极限位置之间，无渗油 | |
| 7 | 飞轮速度传感器，功能可靠，清洁感应面，感应间隙 2 ～ 3mm | |
| 8 | 制动机械装置清洁和润滑，动作灵活 | |
| 9 | 主制动器动作可靠 | |
| 10 | 制动带，检查磨损情况，制动衬厚度应≥ 1.5mm<br>制动带松开时不应摩擦制动盘 | |
| 11 | 制动触点功能可靠 | |
| 12 | 制动带监控器，清洁感应面，功能可靠 | |
| 13 | 附加制动器，清洁和润滑，功能可靠 | |
| 14 | 制动距离，空载向下运行制动距离为：0.5m/s，0.2 ～ 1.00m；0.65m/s，0.3 ～ 1.30m；0.75m/s，0.35 ～ 1.50m | |
| 15 | 控制柜及主电源开关接线应牢固 | |
| 16 | 电动机通风口应清洁 | |
| 17 | 主驱动链张紧，松边下垂量 10 ～ 15mm | |

续表

| 序号 | 内容及要求 | 是 / 否 |
| --- | --- | --- |
| 18 | 主驱动链表面油污清理和润滑 | |
| 19 | 主驱动链保护装置，链条滑块应清洁，厚度≥ 13mm | |
| 20 | 主驱动链断裂开关功能可靠，开关间隙为 2mm | |
| 21 | 围裙板探头表面应清洁，功能可靠 | |
| 22 | 梯级、踏板与围裙板任一侧水平间隙≤ 4mm，两侧之和≤ 7mm | |
| 23 | 自动人行道的围裙板设置在踏板或胶带之上时，踏板与围裙之间的垂直距离≤ 4mm | |
| 24 | 梯级间隙照明应完好无损 | |
| 25 | 梯级滚轮和梯级导轨应清洁，运行工况良好 | |
| 26 | 梯级链润滑，运行工况良好 | |
| 27 | 梯级链滚轮运行工况良好 | |
| 28 | 梯级轴衬清洁、润滑 | |
| 29 | 梯级与导轮的游隙不大于 0.6mm，无明显撞击 | |
| 30 | 梯级下陷开关动作可靠 | |
| 31 | 梯级链张紧开关动作可靠 | |
| 32 | 梯级踏板加热装置功能正常，温度感应器接线牢固 | |
| 33 | 踏板或胶带横向摆动时，侧边与围裙板垂直投影不应产生间隙 | |
| 34 | 梳齿板应完好无损 | |
| 35 | 梳齿板照明应完好无损 | |
| 36 | 梳齿板梳齿与踏板面齿槽啮合深度≥ 6mm，间隙≤ 4mm | |
| 37 | 梳齿板梳齿与胶带齿槽啮合深度≥ 4mm，间隙≤ 4mm | |
| 38 | 梳齿板开关动作可靠 | |
| 39 | 扶手带入口处保护开关动作灵活可靠 | |
| 40 | 扶手带表面清洁，无毛刺，无机械损伤，出入口处居中，运行无摩擦 | |
| 41 | 扶手带表面完好无损 | |
| 42 | 扶手带导向轮应清洁、完好无损，与扶手带内侧底部无摩擦 | |
| 43 | 扶手带内侧凸缘处无损伤，滑动面清洁 | |
| 44 | 扶手带轮和滑轮群应无损伤，托轮转动平滑 | |
| 45 | 扶手带断带保护开关功能正常 | |
| 46 | 扶手带速度监控器功能正常，感应面应清洁 | |
| 47 | 扶手带张紧度张紧弹簧负荷长度应符合技术要求 | |

续表

| 序号 | 内容及要求 | 是 / 否 |
|---|---|---|
| 48 | 扶手带照明应完好无损 | |
| 49 | 扶手栏板 / 玻璃完好无损 | |
| 50 | 自动润滑系统工作正常 | |

| 维护保养人员（签字） | | 保养日期 | |
|---|---|---|---|
| 使用单位电梯安全<br>管理人员确认（签字） | | 日期 | |

注：经清洁、检查、润滑、调整、更换零部件等保养工作后功能正常的项目，在“是 / 否”一栏内画“√”。

有不正常项目但不影响正常安全使用而要求另外安排处理的画“×”，无此项画“/”，有数据要求的填写实测数据。

**附表 2-5　年度日常维护保养内容与要求**

| 序号 | 内容及要求 | 是 / 否 |
|---|---|---|
| 1 | 分离机房、各驱动和转向站应清洁无杂物 | |
| 2 | 两端和中间紧急停车按钮的功能正常有效 | |
| 3 | 运行方向显示应正常 | |
| 4 | 自动运行功能正常 | |
| 5 | 上下机房照明应完好无损 | |
| 6 | 减速箱油位，油量应在油标尺上下极限位置之间，无渗油 | |
| 7 | 飞轮速度传感器功能可靠，感应面清洁，感应间隙 2 ～ 3mm | |
| 8 | 制动机械装置清洁和润滑，动作灵活 | |
| 9 | 主制动器动作可靠 | |
| 10 | 制动带，检查磨损情况，制动衬厚度应≥ 1.5mm<br>制动带松开时不应摩擦制动盘 | |
| 11 | 制动触点功能可靠 | |
| 12 | 制动带监控器，感应面清洁，功能可靠 | |
| 13 | 附加制动器清洁和润滑，功能可靠 | |
| 14 | 制动距离，空载向下运行制动距离为 0.5m/s，0.2 ～ 1.00m；0.65m/s，0.3 ～ 1.30m；0.75m/s，0.35 ～ 1.50m | |
| 15 | 控制柜及主电源开关接线应牢固 | |
| 16 | 电动机通风口应清洁 | |
| 17 | 主驱动链张紧，松边下垂量 10 ～ 15mm | |
| 18 | 主驱动链表面油污清理和润滑 | |
| 19 | 主驱动链保护装置，链条滑块应清洁，厚度≥ 13mm | |

续表

| 序号 | 内容及要求 | 是 / 否 |
| --- | --- | --- |
| 20 | 主驱动链断裂开关功能可靠，开关间隙为 2mm | |
| 21 | 围裙板探头表面应清洁，功能可靠 | |
| 22 | 梯级、踏板与围裙板任一侧水平间隙≤ 4mm，两侧之和≤ 7mm | |
| 23 | 自动人行道的围裙板设置在踏板或胶带之上时，踏板与围裙之间的垂直距离≤ 4mm | |
| 24 | 内外盖板连接紧密牢固，连接处的凸台、缝隙≤ 0.5mm | |
| 25 | 围裙板连接紧密牢固，连接处的凸台、缝隙≤ 0.5mm | |
| 26 | 梯级间隙应照明完好无损 | |
| 27 | 梯级滚轮和梯级导轨应清洁，运行工况良好 | |
| 28 | 梯级链润滑，运行工况良好 | |
| 29 | 梯级链滚轮运行工况良好 | |
| 30 | 梯级轴衬清洁、润滑 | |
| 31 | 梯级与导轮的游隙≤ 0.6mm，无明显撞击 | |
| 32 | 梯级下陷开关动作可靠 | |
| 33 | 梯级链张紧开关动作可靠 | |
| 34 | 梯级踏板加热装置功能正常，温度感应器接线牢固 | |
| 35 | 踏板或胶带横向摆动时，侧边与围裙板垂直投影不应产生间隙 | |
| 36 | 梳齿板应完好无损 | |
| 37 | 梳齿板照明应完好无损 | |
| 38 | 梳齿板梳齿与踏板面齿槽啮合深度≥ 6mm，间隙≤ 4mm | |
| 39 | 梳齿板梳齿与胶带齿槽啮合深度≥ 4mm，间隙≤ 4mm | |
| 40 | 梳齿板开关动作可靠 | |
| 41 | 扶手带入口处保护开关动作灵活可靠 | |
| 42 | 扶手带表面清洁，无毛刺，无机械损伤，出入口处居中，运行无摩擦 | |
| 43 | 扶手带表面完好无损 | |
| 44 | 扶手带导向轮应清洁、完好无损，与扶手带内侧底部无摩擦 | |
| 45 | 扶手带内侧凸缘处无损伤，滑动面清洁 | |
| 46 | 扶手带轮和滑轮群应无损伤，托轮转动平滑 | |
| 47 | 扶手带断带保护开关功能正常 | |
| 48 | 扶手带速度监控器功能正常，感应面应清洁 | |
| 49 | 扶手带张紧度张紧弹簧负荷长度应符合技术要求 | |

续表

| 序号 | 内容及要求 | 是 / 否 |
|---|---|---|
| 50 | 扶手带照明应完好无损 | |
| 51 | 扶手栏板 / 玻璃完好无损 | |
| 52 | 保护栏杆应牢固 | |
| 53 | 上下端出入口张贴的安全标志清晰无破损 | |
| 54 | 检修控制装置功能正常 | |
| 55 | 电缆无破损，固定牢固 | |
| 56 | 自动润滑系统工作正常 | |
| 57 | 油管、油刷、油罐、油管无渗漏，检查油刷磨损情况并清洗 | |
| 58 | 保持油罐测量 | |

| 维护保养人员（签字） | | 保养日期 | |
|---|---|---|---|
| 使用单位电梯安全管理人员确认（签字） | | 日期 | |

注：经清洁、检查、润滑、调整、更换零部件等保养工作后功能正常的项目，在“是 / 否”一栏内画“√”。

有不正常项目但不影响正常安全使用而要求另外安排处理的画“×”，无此项画“/”，有数据要求的填写实测数据。